La dématérialisation des processus

Comment faire face aux différents enjeux sociétaux ?

Questions contemporaines

Chômage, exclusion, globalisation… Jamais les « questions contemporaines » n'ont été aussi nombreuses et aussi complexes à appréhender. Le pari de la collection « Questions contemporaines » est d'offrir un espace de réflexion et de débat à tous ceux, chercheurs, militants ou praticiens, qui osent penser autrement, exprimer des idées neuves et ouvrir de nouvelles pistes à la réflexion collective.

Dernières parutions

Eric BURGAUD, *Tuer ou désobéir, Le dilemme d'un soldat*, 2024.
Michel FELKAY et Julien WOLIKOW, *La police municipale à Paris. Histoire et perspectives*, 2024.
Xavier CAUQUIL, *De la peine et des jeux, Anatomie de la société occidentale européenne contemporaine*, 2024.
Jean d'ALANÇON, *La paternité dans tous ses états. Entre philosophie et foi*, 2024.
Robert BIBEAU et Khider MESLOUB, *De l'insurrection populaire à la révolution prolétarienne,* 2024.
Dan E. MØLLER, *Démocratie 2.0. La politique sans partis, l'élection sans candidatures. Pourquoi ? Comment ?,* 2024.
Stéphane SIGNORET, *Sobriété, notre alliée. Dire non à la démesure,* 2024.
David FOREST, *La société algorithmique : Droit, technique, imaginaire, Abécédaire indiscipliné*, 2024.
Jean-Denis DUPUY, *Apprendre à croire. Quatre études*, 2024.
Cédric TANT, *La critique publique, Une pratique de légitimation démocratique des journalistes et des politiques*, 2024.
COPAF, *La transformation des foyers de travailleurs immigrés en résidences sociales*, 2024.
Christophe SCHNITZLER et Iris TRINKLER (coord.), P*ratiques en plein air pour une éducation à la soutenabilité, Philosophies et enquêtes de terrain*, 2024.
Fred BRÛLÉ, *Prédations et coopération entre les êtres vivants. État des lieux des relations planétaires*, 2024.
Gérard BORVON, *Les Tartuffes et le climat*, 2024.
Chantal BOURRY, *Militer avec force et raison*, 2024.

Olivier Pradon

La dématérialisation des processus

Comment faire face aux différents enjeux sociétaux ?

L'Harmattan

5-7, rue de l'École-Polytechnique, 75005 Paris

http://www.editions-harmattan.fr

ISBN : 978-2-336-49057-1
EAN : 9782336490571

Remerciements

La réalisation de ce mémoire a été rendue possible grâce au concours de plusieurs personnes à qui je voudrais témoigner toute ma gratitude.

Mon directeur de mémoire, tout d'abord, Monsieur Alain LEINOT, à qui j'adresse ma profonde reconnaissance pour sa patience, sa disponibilité et surtout ses conseils judicieux, qui ont contribué à alimenter ma réflexion et m'ont permis de mieux progresser dans mon travail.

Madame Séverine DENYS également, directrice du pôle conformité de la société DOCAPOSTE, que je remercie vivement pour m'avoir accueilli au sein de son équipe, veillé à mon intégration, et fourni tous les éléments nécessaires pour mener à bien mes travaux, ce qui a sans nul doute facilité mes nombreuses investigations.

Les membres de la BU-Archivage numérique (DOCAPOSTE), particulièrement Charles Du BOULLAY, Directeur Général, Pascale NEBBIA, Responsable de site, Gregory LESPINAS, Directeur des Activités, Pierre FAFET, Responsable tests et déploiements, Audrey NOUGUE-SANS, Chargée de mission Conformité, Arnaud MOURIER, Directeur de la Performance, Delphine BENARD, Responsable Environnement et David POMMIER, Responsable SST, sans oublier l'ensemble du personnel du site. J'ai été très sensible à leur accueil, à leur soutien, et tous ont su répondre à mes demandes, voire les anticiper parfois. Ils m'ont été d'une aide précieuse.

Enfin ma compagne, sans cesse à mes côtés, qui a su m'encourager, me soutenir et m'accompagner depuis le début dans ce projet professionnel et universitaire.

Résumé

La recherche incessante de rentabilité, de meilleure performance globale, de croissance et d'innovation a entraîné une utilisation accrue des nouvelles technologies au sein des entreprises.

Celle-ci se traduit notamment par une dématérialisation de processus autrefois réalisés dans le monde physique et dorénavant conçus sous forme numérique, jusqu'à envisager un univers totalement dématérialisé appelé le Metavers.

Les entreprises, dans un souci permanent d'amélioration du traitement de l'information et d'optimisation de stockage, combiné à une volonté de réduire les coûts de gestion et d'optimiser les temps de production, se sont engagées d'une part dans un développement exponentiel des formes de communication et d'information, et d'autre part dans une dématérialisation des processus, devenue aujourd'hui réalité quotidienne.

Cette révolution naissante s'est accompagnée de progrès technologiques. Elle a ainsi amené une augmentation des volumes de documents numériques au détriment des volumes de documents physiques, de même qu'une multiplication des formats de supports de l'information et des moyens techniques de communication de ces informations.

Toutefois, les conséquences sociétales de cette dématérialisation sont nombreuses : impact environnemental, changement profond des usages pouvant engendrer des fractures sociales, modification du tissu industriel transformant une industrie de production en une industrie de services, souveraineté des états, ingérence dans la vie privée, émergence de problématiques de sécurité liées à de nouvelles contraintes et à de nouveaux risques.

La réussite de cette avancée technologique est un enjeu sociétal majeur dans la gestion des informations et de ses supports, ainsi que dans la recherche de performance de la communication. Néanmoins, elle induit obligatoirement une réflexion approfondie sur les remèdes à appliquer pour parer aux différents impacts négatifs occasionnés.

Ainsi, répondre à cet enjeu nécessite l'élaboration et le respect d'un cadre au travers de nouvelles exigences réglementaires et normatives, ainsi qu'une adaptation rapide et continue aux évolutions technologiques en constantes mutations.

Mots clés

Dématérialisation des processus ; Information ; Archivage électronique ; Numérique ; Stockage ; Hébergement de données, Évolution Technologique ; Gestion électronique de documents ; Sécurité ; Risques ; Réglementation ; Conformité ; Normes ; Certification ; Référencement ; Protection des données ; Données personnelles ; Environnement ; Juridique ; Économique ; Signature électronique ; Enjeux ; Processus ; Traitements.

Key Words

Dematerialization of processes; information.; electronic archiving; digital; storage; data hosting; technological evolution; electronic document management; security; risk; regulation; compliance; standards; certification; referencing; data protection; personal data; environment; legal; economic; electronic signature; issues; process; treatments.

Sommaire

CHAPITRE 1 - INTRODUCTION

« *Empreinte environnementale croissante, inégalités liées à l'illectronisme, transformation de l'organisation du travail et développement des plateformes ... l'impact social et environnemental du numérique est loin d'être immatériel. C'est pourquoi la Plateforme RSE formule cinquante-six recommandations pour des entreprises numériquement responsables tout au long de la chaîne de valeur des produits, sur les plans règlementaire, éthique, sociétal et environnemental.* »

Source https://www.strategie.gouv.fr/

Force est de constater une augmentation progressive et continue de la dématérialisation des processus durant ces trois dernières décennies. Ce n'est donc pas, contrairement à ce que beaucoup croient, un concept nouveau ! Ainsi, dans une recherche constante d'optimiser les tâches, de réduire les coûts tout en augmentant les profits, les entreprises se tournent de plus en plus vers des solutions de dématérialisation notamment relatives aux moyens de communication.

Les exemples ne manquent pas et mettent en relief l'ampleur du phénomène : disparition des courriers « papier » au profit des courriels, dématérialisation des déclarations d'impôts, dématérialisation bancaire des relevés ou encore des ouvertures de compte, dématérialisation des fiches de paye, des factures, des tickets de caisse, des titres de transports achetés sur internet et dématérialisés sur les smartphones …

A l'origine, cette expansion qui semblait répondre à des besoins de rapidité, de sécurité, de coût, s'est surtout progressivement imposée au sein des entreprises. Le système d'informations, jusqu'à aujourd'hui basé sur des moyens scripturaux, est en passe d'être totalement remplacé par un système fondé sur des moyens numériques.

Dès les années 2000, l'État français, à l'initiative du Ministère des Finances, encourage fortement la dématérialisation des documents et des processus. Un système d'échanges de données informatisés (EDI) est alors instauré. Petit à petit, la dématérialisation pénètre également les foyers, modifiant ainsi les habitudes de communication d'informations…

Nous assistons à une évolution technologique importante qui, si elle prétend pouvoir ainsi disposer d'une visibilité et d'une traçabilité des processus, et améliorer l'accès et le traitement de l'information, soulève de nombreuses questions :

- Comment accompagner ce mouvement d'accélération de la numérisation de la relation administrative tout en évitant notamment des effets d'exclusion, ce qui serait à l'opposé de la simplification qu'il prétend conduire ?
- Comment éviter des surcoûts induits par toute innovation technologique ?
- Quelles incidences sur la consommation énergétique ?
- Comment sécuriser l'accès et la pérennité des données ? quelle sécurité des transactions ? quelles

fonctionnalités déployer ? comment ainsi renforcer voire faire naître la confiance des utilisateurs ?

La dématérialisation des processus : une réalité de plus en plus prégnante
Comment faire face aux différents enjeux sociétaux ?

Nous tenterons de répondre à cette problématique en essayant de définir, dans une première partie, ce qu'est la dématérialisation des processus.

Dans une deuxième partie, nous étudierons les différents impacts de la dématérialisation, qu'ils soient sociétaux, économiques, environnementaux, juridiques ou encore sécuritaires.

Enfin, nous essaierons, à travers notamment d'interviews auprès d'experts et d'usagers, de proposer quelques solutions pour parer à ces impacts.

CHAPITRE 2 - REVUE DE LITTERATURE

Partie 1 - LA DEMATERIALISATION DES PROCESSUS

2.1.1 Définition

Si la dématérialisation est apparue dans les entreprises durant les années 90, elle semble aujourd'hui être une pratique incontournable, comme le suggèrent les messages véhiculés par les nombreuses images qui nous entourent.

Mais que signifie ce terme ?

Se limite-t-il au remplacement du support papier par le support numérique ?

Qu'entend-on par *dématérialisation* ?

Le dictionnaire *Le Robert* définit la dématérialisation comme « l'action de rendre immatériel, le fait de devenir immatériel », mais encore comme « la suppression du support matériel. »

Selon l'agence Pulsar, agence web de stratégies et solutions digitales, la dématérialisation consisterait à dire :

« *substitution d'un document papier par un document électronique.* »

La dématérialisation s'apparenterait alors à une technique permettant la transformation d'un traitement de documents réels en traitement numérique, la transformation de processus manuels et papiers par des opérations numériques. Comme toute technique, elle répondrait à des phases de conversion : la numérisation des documents, l'archivage des documents numérisés, l'intégration des étapes de l'évolution du document et la certification des étapes de l'évolution du document.

L'accent est mis davantage sur l'informatisation des processus que sur la digitalisation des documents. D'ailleurs, on parle de *Gestion Électronique de Documents* et non de *Gestion de Documents Électroniques.* Il ne s'agit non pas de remplacer un processus manuel par un document informatique, mais d'informatiser le traitement de ce document. Ainsi, il est plus juste de parler de dématérialisation des processus plutôt que de dématérialisation des documents. Dématérialiser implique de réorganiser en profondeur le processus de traitement d'un flux de documents.

Il est à noter que la dématérialisation peut s'entendre comme externe à l'entreprise ou interne à l'entreprise.

La dématérialisation externe consiste en la dématérialisation d'un échange entre l'entreprise et un tiers, et porte sur un seul type de document ou ensemble de documents. Il importe alors pour l'entreprise de mettre en œuvre les moyens garantissant la preuve numérique des informations.

A contrario, la dématérialisation interne ne concerne que des processus spécifiques à l'entreprise. Elle n'est pas visible des tiers.

La dématérialisation ainsi définie, la question de son histoire se pose alors à nous.

2.1.2 Rappels historiques

A l'origine, le support était organisé en fonction des systèmes d'écriture. De nombreux matériaux étaient utilisés : la stèle de pierre, la plaque de bronze, la feuille d'or ou d'argent, la tablette d'argile….

« *Simultanément s'accrut la possibilité d'accumuler des connaissances, en particulier des connaissances abstraites, parce que l'écriture modifiait la nature de la communication en l'étendant au-delà du simple contact personnel et transformait les conditions de stockage de l'information. Ainsi fut rendu accessible à ceux qui savaient lire un champ intellectuel plus étendu. Le problème de la mémorisation cessa de dominer la vie intellectuelle ; l'esprit humain put s'appliquer à l'étude d'un texte statique [...], ce qui permit à l'homme de prendre du recul par rapport à sa création et de l'examiner de manière plus abstraite, plus générale, plus rationnelle* »[1]

L'échange et la mémorisation des informations, la tenue de comptes financiers, la codification des lois et l'enregistrement de l'histoire ont grandement participé du développement de l'écriture.

---

[1] Jack GOODY, *La raison graphique : La domestication de la pensée sauvage,* Les Éditions de Minuit, 1979

On assiste alors à une mutation de la civilisation dite orale à la civilisation écrite, où la phonie se convertit en graphie.

L'écriture devient ainsi un des premiers moyens d'archivage de l'information.

De la tablette d'argile……

La tablette d'argile est apparue pour la première fois en Mésopotamie. Dans les premières, qui couvrent trois millénaires et demi d'histoire humaine, les dessins, tracés avec un calame, ont peu à peu évolué pour devenir des symboles de l'écriture cunéiforme. Les plus anciens documents écrits connus sont des inventaires de biens, découverts sur des tablettes d'argile.

D'un usage initial essentiellement mercantile et juridique, l'écriture devient un formidable outil de diffusion du savoir et de la littérature. Le renouvellement de l'écriture, au fil du temps, parce qu'il s'agit d'une causalité construite réciproquement, exprime l'évolution de la pensée et de la structure sociétale.

Les outils de l'écriture, à mesure que le temps passe, subissent de profondes mutations : la pointe de roseau laisse place à la plume d'oiseau, les plaques d'argile, comme celles de papyrus en Égypte, sont remplacées par le papier que les Chinois fabriquent avec des écorces d'arbre au début de notre ère, ou que les Européens produisent à partir de la Renaissance, avec des chiffons. Les perfectionnements des différents supports d'écriture, comme l'invention de l'imprimerie au XVe siècle, contribueront à sa pérennité et son évolution dans le temps.

...à la tablette tactile !

Tirant les leçons des réalisations électroniques secrètes menées pendant la seconde guerre mondiale, l'Angleterre définit une nouvelle structure de machine : le calculateur numérique à programme enregistré en mémoire auquel les Français donneront plus tard le nom d'*ordinateur.*

Puis, « *La dématérialisation complète du programme, passant de cartes perforées ou de bandes de papier à des impulsions électroniques, permet d'accélérer énormément le traitement des instructions et ouvre de nouvelles possibilités algorithmiques : il est beaucoup plus facile, dans une machine, d'accéder à n'importe quelle adresse mémoire électronique que de dérouler et rembobiner en permanence une bande de papier ! »*[2]

La première tablette numérique apparaît dans les années 90 : ... *« noter les choses permet d'immortaliser les idées et de sauvegarder le monde ; média-tiser le monde revient à renouer des liens et à avoir accès à une panoplie de ressources ainsi qu'au traitement du texte. »*[3]

La société assiste, avec l'essor des techniques numériques et le développement du réseau internet, à un véritable cataclysme, une révolution numérique. Le basculement de la phonie, vers la graphie, puis vers le

---

[2] Pierre Mounier-Kuhn, *La naissance du numérique,* Le Monde, 2018
[3] Youcef Bacha, attaché au laboratoire de Didactique de la Langue et des Textes, Université de Ali Lounici-Blida (Algérie)

numérique, bouleverse le mode de perception et la conception du monde.

Depuis les années 2000, les pratiques liées à la dématérialisation ne font que se développer. Encouragée par l'État la dématérialisation s'est petit à petit installée au sein des entreprises : avec la dématérialisation des documents, la dématérialisation des échanges de la communication, et la dématérialisation des tâches et processus, un nouveau rapport à l'information s'est ainsi construit progressivement.

Que se cache-t-il derrière cette dématérialisation ? Quelles en sont les causes ?

2.1.3 La dématérialisation des processus : les causes

C'est à l'initiative du ministère des Finances, dans un souci notamment d'optimisation de tous les échanges de données entre organisations que la dématérialisation s'est imposée dans les entreprises.

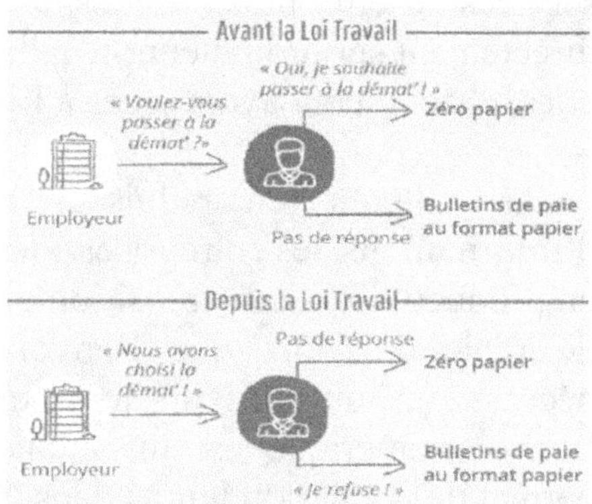

Mais si la dématérialisation était surtout considérée au départ comme un outil facultatif pour simplifier le quotidien, elle est devenue au fil des années une pratique très courante : avec un volume croissant des données transitant lors des échanges, il a fallu trouver des solutions de numérisation, de gestion et d'archivage des données et des documents, quel que soit leur format.

Dès les années 2000, à la recherche d'un gain d'économie et de productivité, la dématérialisation s'est amplifiée dans les entreprises.

Il s'agit dans un premier temps de s'affranchir du papier et de réduire tous les coûts liés à son achat, celui de l'encre, de l'imprimante…Au-delà d'un enjeu écologique, le support papier coûte cher et complexifie les processus de traitement. Les frais liés à l'envoi et à l'acheminement des documents sont voués en grande partie à disparaître grâce à l'envoi sous forme numérique via e-mail ou messagerie instantanée.

L'idée est également de réduire le nombre de supports conservés et archivés, que ce soit par le biais de classeurs, de chemises, de dossiers, ou même de mobilier dédié à cet effet. Le format électronique permet aux informations de circuler facilement entre les salariés et les différents services, d'être plus rapides à manier, car accessibles directement sur ordinateur ou appareil mobile. En quelques clics, chacun peut avoir accès à l'information souhaitée.

Par ailleurs, en réduisant la durée des échanges d'informations, les entreprises souhaitent également gagner en productivité. Cette transition digitale devient synonyme de rapidité. Alors que l'envoi postal d'un document nécessite un ou plusieurs jours de l'envoi à la réception, l'envoi numérique est instantané. Si cette instantanéité permet de gagner du temps dans les processus, elle permet également de gagner en réactivité.

Ainsi, la gestion électronique des documents (GED) permet une meilleure gestion de l'information : plus rapide, plus efficace, moins chronophage.

Si la dématérialisation des documents est bien souvent la porte d'entrée vers un environnement de travail zéro papier, elle s'inscrit dans une dynamique plus large de transformation numérique :

- Des activités,
- Des procédures,
- Des échanges,
- Des outils,
- De l'espace de travail lui-même, à l'époque du télétravail et du *flex office*, grâce à la *digital workplace.*

Avec le développement des réseaux sociaux, des sites web, des blogs…, la dématérialisation de la communication intervient aussi en externe, vis-à-vis des clients et prospects. On assiste à la mise en place d'une stratégie exclusivement digitale et numérique. Les interactions avec le public sont plus fluides, et la circulation des informations se voit simplifiée.

Cette dématérialisation est aussi soutenue et renforcée par les règlements et les lois mis en place par les autorités publiques avec :

- la loi de mars 2000 qui attribue au document électronique la même valeur qu'un document papier,
- le règlement sur l'identification électronique et les services de confiance pour les transactions électroniques, qui encadre l'utilisation de la signature électronique,
- la loi Macron de 2015, qui a rendu obligatoire la facturation électronique pour toutes les entreprises quelle que soit leur taille,

- la réforme du Code du travail de 2017, qui actualise les conditions de dématérialisation des bulletins de paie.

Le numérique s'impose dans les entreprises comme dans les foyers. Désormais, avec l'omniprésence d'internet, il est impossible d'échapper à ces nouvelles technologies.

Partie 2 - LES IMPACTS DE LA DEMATERIALISATION

La dématérialisation semble présenter de très nombreux avantages. Néanmoins, notre attention doit être attirée sur quelques points de vigilance :

- La sécurité des données est un sujet important pour toute entreprise souhaitant adopter la dématérialisation des documents : stocker ses documents en ligne n'est pas forcément plus sécurisé. L'entreprise n'est pas à l'abri d'un piratage : il importe de veiller à ce que le lieu de stockage virtuel soit aussi voire plus sécurisé qu'un lieu de stockage physique.

- Accélérer la dématérialisation peut être un processus complexe. Cela peut bouleverser les équipes. Il convient de bien préparer la transition en interne. Au risque de nuire à l'organisation et au bon fonctionnement de l'entreprise.

- Si la dématérialisation simplifie le quotidien pour une majorité d'usagers, elle en exclut également une partie. Un tiers de la population est en difficulté face au numérique. Différentes stratégies sont mises en place par le gouvernement : plan national pour un numérique inclusif, maisons polyvalentes « France services », plan téléphonique des administrations… Si la couverture

numérique du territoire est une priorité, la maîtrise des usages par les personnes en est une autre.
L'objet de cette partie est ainsi d'identifier et d'analyser les différents impacts de la dématérialisation.

2.2.1 Les impacts sociaux

2.2.1.1 La déperdition de la relation humaine

Pour satisfaire aux exigences de l'État, 100% des services publics devront être dématérialisés très prochainement. Les collectivités y sont-elles préparées ? Comment répondre aux nécessités des populations les plus éloignées du numérique et dont l'entrée dans la culture de l'écrit est difficile ?

Aujourd'hui, le contact humain devient un luxe. Quel que soit le domaine d'activité, en entreprise comme dans le privé, le numérique occupe une place croissante dans notre société.

Ainsi, le télétravail s'institutionnalise dans les entreprises avec une utilisation exponentielle des outils comme par exemple *ZOOM,* la plateforme de réunion virtuelle, passé de 10 millions d'utilisateurs quotidiens en décembre 2019 à 300 millions en avril 2020.
A quand l'utilisation de lunettes virtuelles permettant de voir ses interlocuteurs sous forme d'hologrammes ?

Il en est de même dans notre consommation, à l'image des drives par exemple (le consommateur va chercher ses courses après avoir passé commande sur un site internet) qui se sont développés ces dernières années. Nous assistons également à une évolution des commerces en ligne et des plateformes. Carrefour par exemple teste depuis peu un magasin entièrement autonome à Paris : équipé de 60 caméras et d'étagères connectées qui repèrent les achats du client, il permet à ce dernier de payer directement son « panier virtuel » sans scanner ses produits.

Mais s'agit-il d'un réel progrès, et quel en est le prix à payer ?

Alors que les scientifiques s'accordent à dire que les relations que nous nouons avec d'autres personnes sont essentielles à notre bien-être mental et émotionnel, et donc à notre survie, le monde semble se transformer en un monde fictif dans lequel toute relation humaine s'estompe jusqu'à disparaître… Avec le recours au numérique et des interactions sans humain, nos relations sont dans une phase de recomposition radicale.

Plus de déplacement, plus de côtoiement, plus de contact…Tout semble accessible « à distance ».

Il s'agit de se connecter à une réunion en visioconférence avant de commander ses courses sur une plateforme, prendre son rendez-vous pour une téléconsultation médicale, puis se plonger dans une soirée virtuelle.

Nous constatons, avec la pandémie de 2020, que cette tendance s'est largement amplifiée, nous isolant les uns des autres. Nous en voyons aujourd'hui l'effet dévastateur auprès notamment des jeunes dont le moral est affecté pour environ 42% des 18-30 ans.

« *Rien ne résiste à cette numérisation, tout peut y passer. Elle prend une importance phénoménale dans notre quotidien* », résume Dominique Boullier[4] , sociologue.

2.2.1.2 La fracture sociale, un isolement croissant pour les populations éloignées du numérique : problème inclusion/exclusion

L'Administration se réforme à grands pas. Mais entre les collectivités et leurs administrés, les écarts de perception et d'attente en matière de service public semblent importants. Comment construire une nouvelle culture induite par cette dématérialisation ?

Le rapport *Dématérialisation des services publics : trois ans après : où en est-on ?*, 2022, présenté par madame Claire Hédon, Défenseure des droits, nous rappelle les difficultés dans la mise en œuvre de cette dématérialisation. Si des bénéfices incontestables sont soulignés, certains publics rencontrent des problèmes spécifiques pouvant entraîner un isolement et par conséquent une exclusion de notre société.

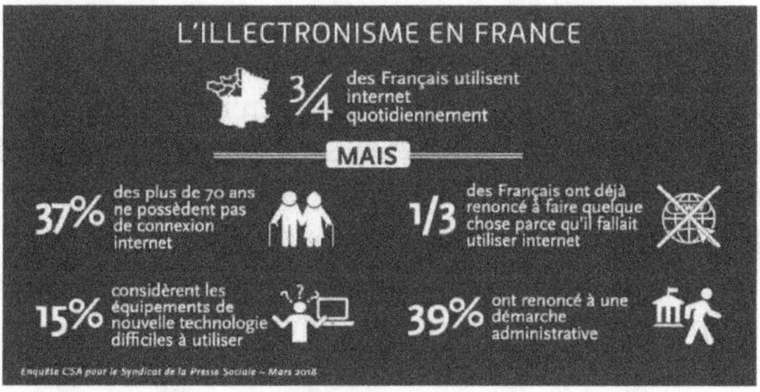

[4] Dominique Boullier, *Sociologie du numérique,* Armand Colin, Août 2019.

Aujourd'hui, en France, 14 millions de personnes souffrent d'illectronisme, contraction d'illettrisme et d'électronique. Ce qui signifie que près d'un quart de la population ne maîtrise pas les compétences nécessaires à l'utilisation et à la création de ressources numériques (ordinateurs, tablettes, téléphones intelligents…) et celles liées à l'usage des contenus disponibles sur Internet (remplir un formulaire en ligne, acheter sur un site web…). Mais cette partie de la population est également en difficulté pour faire valoir ses droits à l'heure où la dématérialisation s'accélère dans tous les services publics et privés.

La généralisation des smartphones a permis l'accès à Internet depuis le domicile. Cet accès s'est aujourd'hui diffusé dans quasiment toute la population. Néanmoins, les usages restent très différenciés socialement. Les familles les plus défavorisées (non diplômées, aux bas revenus…) sont moins équipées d'ordinateurs, restent éloignées d'internet et ont un rapport difficile à l'écrit. L'entrée dans la culture numérique est ainsi plus tardive et le smartphone conserve la primauté sur l'ordinateur comme mode d'accès privilégié.

Les enquêtes de cadrage, comme le baromètre du numérique annuel du Crédoc, organisme d'études et de recherche au service des acteurs de la vie économique et sociale, révèlent en 2019 que les usages d'internet restent plus nombreux et variés dans les populations socialement et culturellement privilégiées. L'appropriation de la culture et de la communication semble ne pouvoir « *être dissociée des conditions sociales où elle s'accomplit et par là de l'ethos qui caractérise en propre un groupe social* »[5] .

Si pour les classes populaires, l'ordinateur est perçu comme porteur de modernité, de conformité sociale et de réussite scolaire, elles restent attachées à un certain nombre de valeurs : priorité accordée à la famille dans leurs réseaux de relations, maintien de frontières nettes entre vie professionnelle et vie privée, attachement au face-à-face et au parler franc.

La numérisation de l'administration ajoute ainsi à la fracture sociale une fracture numérique.

Par ailleurs, un autre groupe, celui des plus de 70 ans, continue de se détacher nettement de la tendance générale. Cette population cumule deux handicaps importants qui laissent penser qu'elle pourrait ne jamais entrer dans la culture numérique. Le premier, et le plus important, est que cette classe d'âge compte le plus grand nombre de personnes sans aucun diplôme, n'ayant pas connu la massification scolaire dans leur jeunesse. Le second est qu'elles ont découvert Internet très tardivement dans leur vie : bien que la part des internautes de plus de 70 ans ait légèrement augmenté depuis 2016, 70 % d'entre eux se sont connectés pour la première fois à l'âge de 70 ans, selon l'enquête Crédoc de 2019. Or, nous le savons, l'aisance à la navigation est en partie liée à une familiarisation précoce avec l'outil.

Enfin, le lieu de résidence peut également expliquer un isolement pour certaines populations. Selon le Crédoc

---

[5] Jean-Claude Passeron, sociologue et épistémologue, 1970.

(2019), le taux d'équipement des habitants de l'agglomération parisienne est supérieur de 11 points à celui des habitants des communes rurales. Venant s'ajouter au fait que l'accès au haut débit est réservé, de façon générale, aux grandes agglomérations, il existe encore des « zones blanches » sans aucun opérateur réseau, des « zones grises » qui ne sont couvertes que par un ou deux opérateurs seulement et des « zones d'ombre » où l'accès à Internet est de mauvaise qualité en raison de l'éloignement des installations. Ainsi, en 2019, 88 % de la population rurale se connecte via l'ADSL alors que ce n'est le cas que de 37 % des habitants de l'agglomération parisienne (Crédoc, 2019).

2.2.1.3 Intrusion dans la vie privée

« [La notion de vie privée a été] culturellement et historiquement construite comme une valeur sociale appréciée et recherchée et a été inscrite au rang des droits humains fondamentaux, dans un mouvement complexe centré sur un domaine privé incarné d'abord par la famille, puis par l'espace individuel. »[6]

Depuis une série de scandales, des géants tels qu'Apple, et plus récemment Google, ont intégré la protection des données et de leurs clients au cœur de leurs valeurs.

Malgré ce, des « trackers », ayant comme objectif de pister un visiteur, s'incorporent dans les sites web, et des « data brokers » continuent de collecter les données afin de

[6] Bénédicte Rey, *La vie privée à l'ère du numérique,* Éditions Lavoisier, 2012.

les revendre à des fins publicitaires. Une question se pose donc légitimement ici : comment lutter pour garantir la protection de la vie privée, avec quels moyens ?

D'ailleurs, la notion de vie privée existe-t-elle encore à l'ère du numérique ? D'après Florimond Houssio[7], ingénieur civil en Mathématiques Appliquées et doctorant dans le département Computational Privacy de l'Imperial College London, « *malgré ces avancées sur la protection de la vie privée, l'internet est encore une sorte de Far West où les régulations importent peu* ».

Avec l'augmentation des capacités de calcul et de stockage de l'information, l'arrivée du numérique offre la possibilité de collecter les données personnelles avec une facilité et à une échelle sans précédents.

Les technologies faisant un usage intensif de données, telles que les applications d'intelligence artificielle, contribuent sans nul doute à créer un environnement numérique dans lequel les gouvernements et les entreprises commerciales sont de plus en plus capables de suivre, d'analyser, de prévoir et même de manipuler le comportement des gens à un degré jamais vu.

---

[7] Florimond Houssiau, l'Echo, 2019.

« *En 2014, une étude menée par deux chercheurs américains a démontré que suite aux révélations Snowden*[8], *le volume de recherches sur Google liées à des sujets sensibles par le gouvernement ou à des sujets privés (par exemple médicaux) avait diminué d'environ 10% internationalement.* »[9]

Cette surveillance constante de nos faits et gestes ne constitue-t-elle pas une entrave à notre liberté ? Comment nous influence-t-elle de façon inconsciente ? Ne comporte-t-elle pas des risques très importants pour la dignité humaine, l'autonomie et la vie privée ainsi que pour l'exercice des droits de l'Homme en général ?

Par ailleurs, avec le télétravail, la présence aux différentes réunions Zoom, ainsi que l'utilisation massive d'outils numériques, notre vie professionnelle semble être de plus en plus chronométrée, tracée voire surveillée. Si la surveillance qui peut avoir lieu au travail semble moins considérée que celle exercée par l'État, elle est devenue un sujet dont commencent à s'emparer les défenseurs des libertés numériques.

« *La pandémie a accéléré une tendance de fond qui existait déjà avant la crise. Elle a permis la diffusion de dispositifs numériques de plus en plus intrusifs, y compris en dehors de l'entreprise. Aujourd'hui, les salariés peuvent être surveillés où qu'ils se trouvent, dès lors qu'ils utilisent des outils de travail nomade comme leur ordinateur*

---

[8] Edward Snowden, lanceur d'alerte américain, a révélé l'existence de plusieurs programmes de surveillance de masse américains et britanniques en 2013

[9] Florimond Houssiau, l'Echo, 2019.

professionnel. La surveillance des salariés devient alors possible partout, tout le temps. » [10]

Enfin, à l'ère du numérique, la réputation des entreprises, qui pouvait jusque-là être bien assise et stable, peut être en permanence remise en question. Maintenir une bonne réputation et maîtriser les risques en la matière nécessite une attention de tout instant.

Historiquement, l'image de marque des entreprises restait relativement stable ou du moins plus ou moins prévisible par des facteurs clefs contrôlables, comme la puissance de leurs réseaux, des bilans financiers robustes et une forte relation client de proximité. Aujourd'hui, de simples résultats de recherche Google à connotations négatives peuvent anéantir une réputation solidement bâtie durant des années à l'aide de campagnes marketing onéreuses. L'émergence des réseaux sociaux et des centres de contre-pouvoir (organisations non gouvernementales, communautés de pouvoir local, investigations de journalistes…) renforcent cette menace et incitent les entreprises à considérer leur réputation comme non tangible et muable dans le temps.

« Il faut vingt ans pour construire une réputation et cinq minutes pour la détruire. Si vous gardez ça à l'esprit, vous vous comportez différemment. »[11]

---

[10] Camille Dubedout, membre de l'association Le Mouton Numérique qui interroge notre rapport aux technologies.
[11] Waren Buffet, homme d'affaires américain

2.2.2 Les impacts économiques

2.2.2.1 Les surcoûts technologiques

Si le processus de dématérialisation de l'ensemble des documents, qu'il s'agisse de fichiers administratifs, de factures ou devis, permet un archivage plus pratique, privilégier un support dématérialisé et avoir recours à la gestion électronique des documents conduit à de nouvelles pratiques qui ont un impact économique.

Compte tenu de l'émergence de nouvelles professions et des avancées technologiques,

Il semble cohérent de dire que l'acquisition de ces matériels informatiques est indispensable. La dématérialisation représente ainsi un investissement conséquent qui surpasse parfois les dépenses liées à l'utilisation du format papier. Il apparaît que cette évolution numérique conduit à une augmentation importante de la part des Technologies de l'Information et de la Communication (TIC) dans l'investissement des entreprises qui a doublé ou triplé, passant de 6,8% en 1980 à 14,4% en 2000 en France. Exprimés en volume, les taux de croissance des investissements des TIC ont été extrêmement élevés dans la plupart des pays industrialisés, atteignant souvent 20% à 30% par an pour les matériels informatiques et entre 10% à 20% pour les équipements de communication et les logiciels.

Face à une augmentation rapide et continue du besoin de stocker des données, et ce dans des proportions grandissantes, il devient indispensable d'envisager un matériel de stockage davantage performant, capable de conserver toujours plus d'informations. A chaque fois que l'espace de stockage s'avère insuffisant, l'achat d'un nouveau matériel de stockage s'avère nécessaire, ce qui représente un coût additionnel pour l'entreprise.

Par ailleurs, la dématérialisation semble, pour certains, contribuer à l'élévation du chômage puisqu'une grande partie des tâches sont effectuées par des machines. Les nouvelles technologies permettent de déléguer toujours plus de tâches routinières à des robots et ordinateurs. Il s'agit surtout d'activités réalisées dans le segment intermédiaire du marché du travail, par des travailleurs moyennement qualifiés, sur des tranches de salaire relativement basses. Pour les entreprises, investir dans des technologies remplaçant ce type d'emploi est bénéfique : leur caractère routinier se prête bien à la création de tels outils de remplacement, et la démarche se révèle avantageuse vu la rémunération raisonnable de ces fonctions. Conséquence : le segment intermédiaire du marché du travail s'effondre progressivement.

« *Le chômage de masse n'est pas pour autant imminent. Les emplois qui disparaissent sont plus que compensés par de nouveaux postes en haut et en bas du marché du travail, que l'on ne peut aussi facilement automatiser ou qui ne coûtent pas assez cher pour justifier l'investissement dans une technologie de remplacement : le marché du travail se polarise. Le danger n'est donc pas le chômage de masse, mais l'inégalité croissante des salaires et de la protection du travail. D'où la nécessité d'un meilleur cadre de protection pour les personnes plus vulnérables sur le marché.* »[12]

2.2.2.2 Les surcoûts humains

Avec l'installation de toutes ces nouvelles technologies, et dans un souci de rentabilité et de productivité, l'entreprise doit penser à former ses collaborateurs. En effet, les formations aux innovations technologiques sont un enjeu majeur pour toute entreprise qui souhaite continuer d'être compétitif et donc de croître. La dématérialisation exige ainsi l'acquisition par les personnels de nouvelles compétences informatiques leur permettant de maîtriser les outils digitaux indispensables à ce processus. Si ces formations peuvent donner lieu à des financements publics de la part de différents organismes de formation, elles restent en partie à la charge de l'entreprise.

De plus, la numérisation de tous les documents initialement produits en format papier requiert du temps. En effet, passer à la dématérialisation ne se fait pas du jour au lendemain. Une période de transition plus ou moins longue s'impose, ne serait-ce que pour engager un processus d'archivage des documents existant qui eux, sont au format papier. De la patience donc, du temps, qui constituent également un coût pour l'entreprise.

2.2.2.3 La perte de souveraineté

Dans son rapport, Cyrille Dalmont[13], interroge le concept même de souveraineté européenne prônée par tous

---

[12] Mathias Somers, collaborateur scientifique Think Tank Minerva

[13] Cyrille Dalmont, *L'impossible souveraineté numérique européenne : analyse et contre-proposition,* Mars 2021.

les chefs d'État européens. Dans un premier temps, tout en soulignant une assise juridique et normative incertaine, il montre à quel point l'Union Européenne (UE) est démunie. Dans un second temps, il explique pourquoi cette souveraineté numérique est un mirage : l'UE a été conçue et demeure pour l'essentiel un marché dominé par un droit de la concurrence rigide qui désarme trop souvent les États dans la bataille numérique mondiale.

Car au niveau mondial, le numérique est dominé par les géants américains, en particulier les Gafam (Google, Apple, Facebook, Amazon, Microsoft), et demain peut-être chinois. Et alors que la guerre sino-américaine s'intensifie dans le domaine numérique, Cyrille Dalmont déplore l'immobilisme d'une Europe où l'innovation est ralentie, voire sclérosée, du fait de nouvelles normes et règlementations toujours plus contraignantes sur le plan administratif. Aujourd'hui, la commission européenne ne prépare pas moins de quatre nouveaux règlements dans le domaine du numérique…

« En l'absence de géants numériques européens, cette stratégie va non seulement accentuer la colonisation numérique de l'Europe mais également ralentir l'innovation sur le continent….

…Les États européens doivent urgemment se saisir de la question de la souveraineté numérique et l'arracher des mains de la Commission, s'ils ne veulent pas finir enterrer sous des monceaux de normes aussi inefficaces que contre-productives. »

Comment l'Europe parviendra-t-elle à reprendre la main et construire une « tech » bien à elle ?

Sur les dix plus grandes capitalisations boursières mondiales, huit sont les entreprises de la « tech », mais aucune d'entre elles n'est européenne. Comment alors construire une « tech » souveraine, relever les défis du cloud et accroître la capacité de la France et de l'Europe à faire émerger de futurs champions mondiaux ?

2.2.3 Les impacts environnementaux

De manière générale, la dématérialisation tend à séduire par son impact a priori positif sur l'environnement.

En 2017, l'Agence De l'Environnement et de la Maîtrise de l'Énergie (ADEME) indiquait, alors que la dématérialisation existait déjà, qu'un employé consommait 70 à plus de 80 kilos de papier par an. Il s'agit alors de rompre davantage avec le papier et de réduire tous les coûts liés à son achat, celui de l'encre, de l'imprimante....

Qu'en est-il aujourd'hui ?

Qui dit dématérialisation, dit alternative au papier. Les systèmes de gestion électronique de documents ne le suppriment pas mais permettent plutôt de réduire son utilisation. Il est difficile d'affirmer que la dématérialisation a un impact écologique positif sur la production mondiale de papier.

Car si le papier journal et le papier d'imprimante sont en constante diminution depuis un peu plus d'une dizaine d'années, les produits d'emballage, eux, sont en augmentation : certes, nous pouvons aujourd'hui, depuis notre ordinateur, commander des dizaines d'articles à l'autre bout du monde sans avoir à imprimer un bon de commande, ou une facture. Mais d'un autre côté, faire ses achats sur internet oblige le vendeur à emballer correctement les marchandises avant de les expédier. Ainsi la consommation de produits d'emballage, à savoir papier, papier bulles, scotch, cartons, comme le montre le graphisme ci-dessous, peut s'avérer bien plus importante que lorsque le consommateur se déplace dans un magasin.

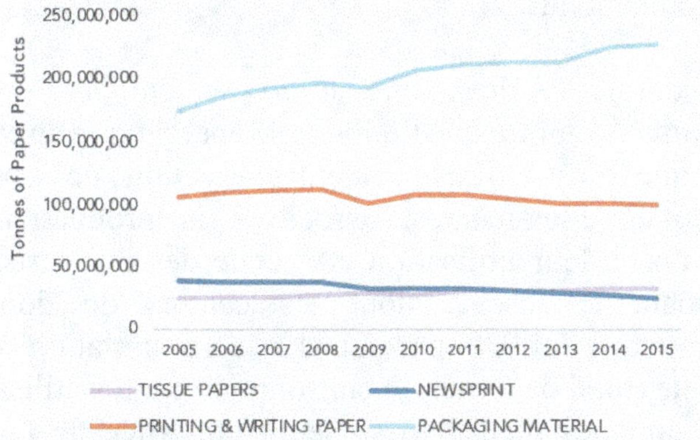

La démarche écologique qui consiste à vouloir économiser du papier se révèle donc, dans ce cas précis, totalement inefficace. Le gain d'un côté est compensé par la perte de l'autre.

Un autre aspect à prendre en considération est la consommation d'énergie. Il faut en effet avoir conscience que derrière les écrans d'ordinateurs peu encombrants et la facilité d'accès à un ensemble de fichiers et de logiciels, existe, même si elle n'est pas directement visible du consommateur, une panoplie de dispositifs très énergivores : ainsi en est-il des innombrables serveurs, antennes relais et autres câbles sous-marins qui, à travers le monde, ont un impact écologique considérable.

D'ailleurs, les chiffrent parlent d'eux-mêmes : ordinateurs, data center, réseaux… engloutissent près de 10% de la consommation mondiale d'électricité. Certains scientifiques ne s'y trompent pas et pointent du doigt cet indicateur, qui ne cesse d'augmenter, afin de dénoncer des modes de fonctionnement non optimisés et d'alerter sur les risques à moyen et long terme que ceux-ci font peser sur l'environnement.

Le dossier *L'économie et la société à l'ère du numérique*[14], montre que l'empreinte énergétique directe du numérique (c'est-à-dite le contenu énergétique des activités numériques elles-mêmes, associé à la production des terminaux, à leur utilisation et à celle des infrastructures constituant le réseau, dont les centres de données) augmenterait de 9% par an. La consommation finale d'énergie (total de l'énergie consommée par les utilisateurs finaux dont les ménages) se serait amplifiée de presque 70% entre 2013 et 2020. Les émissions de gaz à effet de serre suivraient cette tendance : 2,5% du total des émissions mondiales en 2013, 3,7% en 2017. Ces évolutions s'expliquent principalement par l'essor du smartphone et l'explosion du trafic de données, estimée à + 25% par an dans les réseaux et à + 35% par an dans les data center, données qu'il faut de plus stocker.

---

[14] Catherine Demaison, Laurence Grivet, Denise Maury-Duprey, Séverine Mayo-Simbsler, L'économie *et la société à l'ère du numérique*, INSEE, Edition 2019

D'après l'Agence de l'Environnement et de la Maîtrise de l'Énergie (ADEME), 25% des émissions de gaz à effet de serre générées par le numérique sont dues aux data center, 28% aux infrastructures réseau et 47% aux équipements des consommateurs. La phase de fabrication des équipements reste par ailleurs la plus consommatrice d'énergie et la plus émettrice de gaz à effet de serre. 90% de ces gaz associés à un smartphone proviennent de la phase de fabrication.

En outre, la composition complexe des matériels informatiques questionne leur recyclabilité, ce qui renvoie globalement à la problématique des déchets d'équipements électriques et électroniques du numérique. Ainsi, la consommation énergétique des nouvelles technologies n'est qu'un aspect du défi environnemental qu'elles posent. Le nombre et la quantité de métaux utilisés dans les composants électroniques ne cessent d'augmenter à mesure qu'ils se miniaturisent et deviennent plus performants.

« Nos smartphones contiennent une quarantaine de métaux et de terres rares, contre une vingtaine à peine il y a dix ans », indique Françoise Berthoud.[15]

---

[15] Françoise Berthoud, ingénieur de recherche au CNRS, spécialisée en bioinformatique

Aujourd'hui, en Europe, à peine 18% des métaux présents dans les ordinateurs portables sont récupérés. Une partie importante des équipements en fin de vie continue d'atterrir dans des décharges sauvages…

2.2.4 Les impacts juridiques

2.2.4.1 Une montée exponentielle de la complexité du cadre juridique

Nous assistons depuis quelques années à une inflation normative de textes dont la complexité risque d'engendrer une explosion du nombre de litiges et un recours quasi systématique à l'appréciation et à l'interprétation des juges. Sont notamment concernés :

- Le Règlement Général sur la protection des Données (RGPD) en 2016 qui, s'il n'a quasiment aucun impact sur les géants mondiaux du numérique, pénalise fortement les entreprises européennes et plus particulièrement les PME et TPE, posant également des problèmes de mise en conformité pour les entreprises françaises.

- Le règlement du 14 novembre 2018 qui établit un cadre applicable au libre flux des données à caractère non personnel dans l'UE.
- Le règlement relatif à la protection des personnes physiques à l'égard du traitement des données à caractère personnel par les institutions, organes et organismes de l'Union et à la libre circulation des données.
- Le règlement DSA (Digital Service Act) voté par le Parlement européen en juillet 2022 : il vise à améliorer « *considérablement les mécanismes de suppression des contenus illicites et de protection effective des droits fondamentaux des utilisateurs en ligne, y compris la liberté d'expression.* » Il cherche également à renforcer la surveillance des plateformes en ligne.
- Le règlement DMA (Digital Market Act), approuvé en juillet 2022 par la Commission européenne : souhaitant mettre fin à la domination des géants du Net, il tente de réguler les plateformes en ligne qui se « *comportent comme « des contrôleurs d'accès » sur les marchés numériques.* » [16]
- Dans la continuité du RGPD, le DGA (Data Gouvernance Act) dont l'objectif est de « *renforcer le contrôle des personnes physiques et morales sur l'utilisation et la diffusion de leurs données, en cadrant l'activité des acteurs publics ou privés assurant la circulation et le partage de données.* » Ce texte, qui a fait l'objet d'un accord entre le Conseil et le Parlement européen, vise à mettre en place un cadre général pour faciliter le partage de données au sein de l'Union Européenne et prévoit des mécanismes de gouvernance.

---

[16] La législation sur les marchés numériques vise à garantir que ces plateformes se comportent équitablement en ligne.

- Le règlement IA (Intelligence Artificielle), qui n'a pas encore de dénomination définitive, entend, lui, promouvoir « *une vision européenne de l'IA basée sur l'éthique en prévenant les risques inhérents à ces technologies par un règlement commun permettant d'éviter certaines dérives.* »

Avec une inflation potentielle des recours juridiques et des positions des différentes cours suprêmes, notamment quant à la primauté du droit européen sur les droits nationaux, des dégâts collatéraux sont semble-t-il à prévoir.

2.2.4.2 Une mise en application compliquée

Le plan numérique, irrémédiablement en marche, s'introduit progressivement dans tous les secteurs d'activité. Or chacun d'eux ayant son particularisme, il est devenu indispensable dans certains cas d'instaurer une réglementation spécifique. C'est le cas par exemple dans le domaine de la santé, où l'utilisation d'informations médicales personnelles, contenant des données de santé, fait l'objet de textes précis au sein du Code de la santé publique. Le cas également pour les factures électroniques ou encore les bulletins de paie dématérialisés, qui ont un référentiel légal déterminé.

Il semble alors légitime de se demander dans quelle mesure la publication de très (trop ?) nombreux textes spécifiques, risque de complexifier la mise en application de ce plan numérique.

Parallèlement, s'il est nécessaire de suivre le droit de la dématérialisation, il convient également de suivre certains droits connexes qui ne s'appliquaient pas au papier, comme la sécurité des données, en particulier celles à caractère personnel qui génèrent beaucoup de traitements.

Ainsi par exemple, pour bénéficier d'une valeur probante au même titre que l'écrit papier, l'écrit électronique doit pouvoir permettre d'identifier son auteur et garantir l'intégrité de l'acte concerné. Il est impératif que l'écrit électronique ne puisse être attribué qu'aux parties qui ont voulu et ont participé à l'acte. Il faut donc que le procédé technique utilisé garantisse l'identité de ce débiteur.

Tout aujourd'hui est « dématérialisable ». Avec un corollaire : le droit de la preuve électronique a cédé la place au droit de la dématérialisation et de l'archivage électronique. Le droit actuel est-il suffisamment abouti pour permettre d'envisager n'importe quel projet de dématérialisation ?

2.2.5 Les impacts sécuritaires

Distinguons tout d'abord la différence qui existe entre « données » et « information », « protection des données » et « sécurité des données ».

Les faits et détails bruts individuels sont généralement appelés « données » : tableaux de données brutes par exemple. Pour que ces données deviennent des informations exploitables, il faut les replacer dans leur contexte, sans quoi elles n'ont pas de sens et ne peuvent pas être utilisées pour la prise de décision. « L'information » revêt donc un sens plus large. Les différents types d'information comprennent tous les types de données traitées, par exemple les communications professionnelles par e-mail.

« La protection des données » concerne les pratiques actives de sécurité. Elle nécessite des outils et des procédures permettant de protéger les données contre les accès électroniques non autorisés, les modifications, la divulgation accidentelle, les perturbations et la destruction. Cela implique d'utiliser des stratégies physiques et logiques pour protéger les informations contre les violations de données, les cyberattaques et les pertes de données accidentelles ou intentionnelles.

La « sécurité des données » concerne les mesures administratives passives comme celles qui couvrent les aspects juridiques (politiques de confidentialité, conditions générales…). Ces politiques définissent la manière dont les organisations traitent et gèrent les données, en particulier les données sensibles, comme les informations personnelles identifiables, les données de cartes de paiement, les informations médicales ou relatives à l'éducation, etc. La « sécurité des données » englobe tous les aspects de la sécurité de l'information, de la sécurité physique du matériel et des dispositifs de stockage aux contrôles administratifs et d'accès, en passant par la sécurité logique des applications logicielles. Elle comprend également des politiques et procédures organisationnelles.

2.2.5.1 La sécurisation des données : leur utilisation

Malgré une attention croissante portée à la cyber sécurité, le nombre de violations de données augmente constamment.

Il importe pour les entreprises de barrer la route à tout accès illégitime aux données personnelles de leurs clients et de leurs prospects, ainsi qu'à leurs données propres. Une utilisation frauduleuse peut causer des préjudices d'une importance considérable à leurs propriétaires et leur divulgation peut occasionner l'apparition de problèmes financiers et une perte de confiance des collaborateurs, des clients et des prestataires ainsi qu'un dysfonctionnement de plus ou moins longue durée.

La sécurité des données personnelles est un réel enjeu pour ces fichiers numériques. Si les documents papiers sensibles peuvent être rangés sous clé dans une armoire physique, un document dématérialisé n'a pas la même consistance matérielle, peut être facilement modifié sans trace, et est plus difficile à sécuriser.

La confidentialité et l'intégrité des documents numériques étant un enjeu majeur de la dématérialisation, il est impératif pour une entreprise de se munir d'un Système d'Archivage Électronique (SAE) robuste et sécurisé.

2.2.5.2 La sécurisation des données : leur perte

Les données occupent une place extrêmement importante pour les entreprises. Elles sont parfois considérées comme le saint-Graal notamment par les « marketeurs ». Pourtant, ces précieuses données sont parfois compliquées à protéger : de nombreuses sociétés admettent avoir du mal à les protéger correctement et certaines d'entre elles reconnaissent qu'elles n'ont pas su récupérer leurs données perdues à l'aide de leur solution de protection (27% des entreprises selon une étude réalisée par Dell et baptisée Global Data protection Index).

Il existe plusieurs types de panne dont les entreprises peuvent être victimes : les pannes « mécaniques », les pannes « électroniques », les pannes « logiques » ou les sinistres. Si certaines pannes peuvent être résolues directement en interne, d'autres nécessitent l'intervention de prestataires spécialisés. Un virus ou un logiciel malveillant peut également être à l'origine d'une perte de données.

Les entreprises ne peuvent pas se permettre de perdre leurs données. Il est primordial qu'elles puissent les récupérer lorsque celles-ci sont perdues.

Si au début des années 2000 - les données étant stockées dans des centres de données et accessibles par des points et d'entrée et de sortie connus - les organisations contrôlaient exactement qui et quels appareils pouvaient accéder aux données de l'entreprise, ce n'est plus le cas aujourd'hui. Pour garantir la sécurité de leurs données, les entreprises doivent repenser leur modèle de sécurité, notamment la manière dont la technologie de prévention des pertes de données est mise en œuvre.

2.2.5.3 La sécurisation des données : leur vol

De très nombreuses entreprises sont victimes de cyberattaques et de vols de données. Au début de l'année 2019, le français Altran Technologies, a été touché par un malware[17]. A l'époque, l'attaque avait paralysé 400 serveurs de la société. Sous la pression, Altran avait versé l'équivalent d'un million d'euros en bitcoin.[18] Le coût total de l'incident est évalué à près de 20 millions d'euros.

Nous pouvons nous interroger sur les compétences des entreprises, ou leurs ressources en interne, pour protéger leurs données. Sont-elles aujourd'hui suffisamment performantes et outillées ?

En France, 46% des sociétés sondées dans l'étude ci-dessus nommée, indiquent être confrontées à la complexité

[17] Un malware ou logiciels malveillants est un terme générique utilisé pour désigner une variété de logiciels hostiles ou intrusifs : virus informatique, vers, cheval de Troie….

[18] Monnaie cryptographique

de la configuration et de l'exploitation du matériel de protection des données.

En plus de la protection du réseau informatique, il convient aussi de protéger l'infrastructure physique. Les données peuvent être stockées sur de multiples supports, lesquels peuvent être volés ou détournés ! Assurer la sécurité physique des données est tout aussi important que leur sécurité informatique.

2.2.5.4 La sécurisation des données : leur destruction

La sécurité des données doit aussi être garantie dans le domaine de la destruction. Un processus de tri qui empêche toute destruction non autorisée ou fortuite ou toute perte fortuite (par exemple du fait de la destruction des données).

Il incombe à l'entreprise de garantir que la destruction des données s'opèrera de manière fiable et d'empêcher que des données ne soient pas détruites ou ne le soient qu'insuffisamment en raison de défauts ou d'imperfections techniques.

Pour éviter qu'une reconstitution partielle ou intégrale des données soit possible ou qu'un tiers procède à une telle reconstitution, la destruction des données ne se limite pas à la destruction proprement dite mais inclut aussi, le cas échéant, le processus faisant suite à la destruction des données, notamment le recyclage des supports de données. Cette phase de destruction concerne en effet tous types de support de stockage des données (ordinateurs, téléphones, disques durs, photocopieurs…) Une suppression de données informatiques ou un formatage de disque dur rend les informations inaccessibles mais elles ne sont pas pour autant effacées… Or rien ne doit pouvoir être récupéré !

Garantir la sécurité des données, c'est respecter une durée de conservation précise et procéder à leur destruction après utilisation.

L'obligation de sécurité ne disparaît pas au moment de l'expiration du délai de conservation, mais une fois que la donnée a été détruite.

Partie 3 - DES PISTES DE SOLUTIONS POUR PARER AUX IMPACTS DE LA DEMATERIALISATION

La dématérialisation comme opportunité conséquente à la digitalisation des entreprises, est un enjeu majeur pour tous les secteurs d'activité sur les plans organisationnel, technique et financier.

Elle représente l'un des premiers piliers de la transformation digitale des entreprises et des organismes publics.

Il s'agit de :

- Dématérialiser les documents : numérisation des documents papier
- Dématérialiser les échanges : processus accéléré par internet
- Dématérialiser les processus métier : levier de fiabilité et de productivité pour les différents services d'une entreprise (achats, comptabilité, gestion commerciale…)

Attention toutefois, « *Reproduire les processus « matériels » dans un contexte de dématérialisation est non seulement une approche sans ambition mais une prise de risque élevée* » nous rappellent les experts de trend-Consultants – Cabiner Solucom.

« *En effet, la modification des interactions entre les acteurs, du traçage des documents entraînera nécessairement une évolution des processus de l'entreprise. Cette évolution sera donc une conséquence mais aussi un levier pour le succès d'un projet de dématérialisation. Ce succès passera aussi par la mobilisation des collaborateurs, qui pourra être accompagnée par exemple par une dématérialisation progressive. »* [19]

Alors que l'archivage électronique semble être aujourd'hui une réponse au besoin de conservation des contenus numériques de manière classique, ou de manière sécurisée, la maturité des entreprises relative à l'archivage de contenu numérique, selon les secteurs, est très différente. D'après une étude Markess, en 2014, seuls 30% des décideurs interrogés estiment leur organisation mature sur cette thématique.

Si la dématérialisation présente une opportunité pour les entreprises, elle s'accompagne de risques potentiels qu'il convient de maîtriser.

2.3.1 Les objectifs à poursuivre

Un des principaux bénéfices de la dématérialisation apportée à l'entreprise concerne sa compétitivité. Il s'agit d'améliorer les gains de productivité et les gains financiers tout en simplifiant les processus.

L'optimisation des performances de l'entreprise peuvent être ainsi déclinées :

- Gain de temps : la dématérialisation permet d'allouer du temps passé sur des tâches à faible valeur ajoutée vers des tâches plus complexes. Elle autorise la centralisation de l'information et facilite son accès. On estime qu'un collaborateur passe 20% à 40% de son temps à chercher une information. Travailler sur des documents

[19] Digital Corner, SA spécialiste dans le processus de gestion électronique de documents, blog technologies digitales & émergentes des consultants Wavestone

numériques permet de communiquer plus rapidement, que ce soit en interne ou avec le public, de traiter, partager et consulter en tout lieu et à tout moment.

Pour exemple, Locarchives a quantifié les gains de productivité pour la dématérialisation des factures : 46% du temps gagné sur le cycle de traitement des factures et baisse de 12% du nombre de retard de paiement.

- Gain financier : la dématérialisation autorise la réalisation d'économies en achat de papier, impression et frais postaux. Par ailleurs, les entreprises consacrant en moyenne entre 5% et 15% de leur chiffre d'affaires au stockage des documents dans des emplacements dédiés, la dématérialisation avec l'archivage électronique induit la récupération d'espaces physiques.

- Gain dans la gestion des relations :
    - Avec l'ensemble des acteurs d'une entreprise : émergence de plateformes de partage communautaire encourageant le travail collaboratif.
    - Avec fournisseurs et clients : réduction des délais de traitement, interactions.

La protection des données est partie intégrante du processus de dématérialisation. Protéger l'information consiste à garantir sa disponibilité, son intégrité, sa confidentialité et sa traçabilité. Il importe d'augmenter cette protection tant dans les données elles-mêmes que dans leur accès. La sécurité des données est en effet primordiale responsabilisant davantage les entreprises. Dans un tel contexte, il apparaît nécessaire de développer la mise en place des procédures en conformité avec la règlementation et notamment avec le Règlement Général sur la protection des Données (RGPD).

La dématérialisation permet également la lutte contre la fraude, notamment par exemple avec la dématérialisation des factures fournisseurs. A titre d'exemple, la combinaison de la facturation électronique avec la transmission des données, devrait aider efficacement dans la lutte contre la fraude organisée entre plusieurs entreprises installées dans différents États de l'UE pour obtenir le remboursement, par l'un des États, d'une taxe qui n'a jamais été acquittée en amont ou réduire le montant de la TVA à payer. L'administration pourra ainsi détecter les fraudes dans des délais beaucoup plus courts qu'actuellement.

La dématérialisation se doit de devenir un outil performant dans tous les domaines. Il est ainsi impératif d'articuler innovation et dématérialisation. Cette innovation ne peut se réduire à une innovation technologique. Elle doit se traduire également dans le développement des compétences numériques, la démocratisation du numérique, ainsi que la recherche d'une solution écologique.

2.3.2 Le développement des formations au numérique

En modifiant la nature des documents, le numérique bouleverse la production, la conservation, la description et la communication des informations. Il appelle ainsi une nouvelle organisation des services et nécessite des compétences spécifiques.

A partir du 1er janvier 2024, toutes les entreprises, quelle que soit leur taille, accepteront les factures électroniques par obligation : elles devront être en capacité de gérer des factures fournisseurs reçues par voir électronique (dématérialisation entrante des factures).

De même, la relation client s'organise de plus en plus sur le numérique. La plupart des entreprises concluent leur contrat via le numérique. Ce canal est l'un des socles de nombreuses activités pour conclure les ventes mais également pour le Service Après-Vente (SAV) qui s'effectue par tchat ou par réponse à des questions courantes sur le site.

D'autres exemples montrent l'accélération que prend la dématérialisation. Comment s'assurer alors du niveau de compétence des équipes ?

Selon une étude menée en 2021 auprès de 1 337 agents publics, seuls 35% sont autonomes, 38% ont un niveau intermédiaire et 27% sont débutants. Deux tiers des participants n'ont pas le bagage suffisant pour être en maîtrise de l'ensemble des situations professionnelles, sur un poste ayant une dimension numérique.

Face à l'accroissement numérique, les entreprises, comme les collectivités, doivent se saisir du sujet : mesurer l'état des lieux, identifier et concevoir des cursus de formation s'avère nécessaire au risque de nuire à leur bon fonctionnement. Tous les secteurs d'activités s'ouvrant de plus en plus à l'information numérique, la prise de conscience d'une adaptation à ce process est inévitable. L'objectif est de compléter l'éventail de compétences des professionnels par de nouvelles compétences issues de la dématérialisation.

Tout projet de dématérialisation nécessite des compétences technologiques particulières. Néanmoins, la technologie ne doit pas prédominer sur l'organisationnel. Il s'agit également d'une logique de transformation de l'organisation avec des gains de productivité à la clef et le bénéfice de processus à valeur ajoutée.

En effet, la technologie n'agit pas uniquement comme un simple outil de substitution, avec une amélioration fonctionnelle. Elle entraîne une refonte significative des tâches, en crée de nouvelles, auparavant inconcevables.

Les projets d'amélioration numérique peuvent avoir pour conséquence une transformation profonde de l'existant telle que :

- Une modification : L'organisation d'un ou plusieurs services doit être repensée. L'impact de la technologie questionne plus largement la chaîne de responsabilité (niveaux et objets des validations), les relations entre plusieurs services (mutualisation des fonctions), l'utilisation qui peut être faite des données collectées (par les services concernés ou par des tiers).

- Ou une redéfinition du service, ce qui correspond à un nouveau service, différent de celui qui était rendu jusqu'alors. Elle s'accompagne d'une réorganisation complète par la transformation des activités traditionnelles et l'intégration de nouvelles activités, et implique souvent de création de nouveaux métiers ou tout au moins le redimensionnement de certains postes.

Comme le rappelle Vincent Mandinaud, chef de projet à l'Agence nationale pour l'amélioration des conditions de travail, « *la dématérialisation n'est pas qu'un process technologique, elle représente aussi une dynamique organisationnelle et stratégique.* »

« *Nous sommes dans un basculement, c'est-à-dire dans une rupture. Il faut penser et envisager les problèmes d'archives autrement pour le monde dans lequel nous entrons. C'est une attitude intellectuelle, écouter ce que nous dit la société, ce que nous dit le cybermonde de l'internet.* » Bruno Delmas[20]

Il devient urgent d'accompagner au plus près les changements en cours et la transformation des métiers de l'entreprise., notamment par l'instauration de temps d'information, de communication et de formation.

2.3.3 Le développement des technologies de dématérialisation

Protéger les données est un atout important pour les entreprises. Il s'agit de défendre les informations numériques contre les accès non autorisés, l'altération et le vol tout au long de leur cycle de vie.

Cette sécurité implique nécessairement le déploiement d'outils et de technologies qui améliorent la visibilité de l'organisation sur l'endroit où résident ses données critiques et sur la manière dont elles sont utilisées.

75% des consommateurs déclarent qu'ils n'achèteront pas auprès d'entreprises auxquelles ils ne font pas confiance pour protéger leurs données.

---

[20] Bruno Delmas, *Les chantiers du numérique : dématérialisation des archives et métiers de l'archiviste,* Editions Academia, 2012

Il est indispensable, pour éviter les futurs échecs et les potentielles erreurs, que ce soit dans le domaine public ou dans le domaine privé, de mettre en œuvre des solutions et des méthodes afin de mieux comprendre les évolutions, en cours et à venir.

La question du stockage est également à relever puisque les besoins augmentent à mesure que la masse de données augmente.

Le développement des technologies de dématérialisation passe par des projets innovation ouverte en partenariat avec des centres de recherche, et par l'enseignement de savoir-faire technologiques. Les acteurs de la recherche ont un rôle essentiel à jouer, afin de favoriser le transfert de technologies et de compétences vers les professionnels.

Ainsi, certaines tendances se dessinent :

- L'Intelligence artificielle (IA) qui amplifie la capacité d'un système de sécurité des données, car elle peut traiter de grandes quantités de données.
- L'informatique cognitive, un sous-ensemble de l'IA, qui effectue les mêmes tâches que les autres systèmes d'IA, mais en simulant des processus de pensée humains. Dans le domaine de la sécurité des données, cela permet d'accélérer la prise de décision en cas de besoin critique.
- Avec le développement des capacités du cloud, la définition de la sécurité des données s'est élargie. Aujourd'hui, les entreprises cherchent à protéger non seulement les données mais aussi les applications et les processus métier qui fonctionnent dans les clouds public et privé.
- Le quantique qui ambitionne de bouleverser de manière exponentielle de nombreuses technologies plus

traditionnelles, comme par exemple les algorithmes de chiffrement (qui deviennent beaucoup plus variés, de plus en plus complexes et beaucoup plus sûrs).

« *L'innovation technologique est le support d'une valeur nouvelle, d'un bénéfice nouveau.* »[21]

2.3.4 La sobriété numérique pour une démarche écoresponsable

En France, l'impact environnemental du digital est actuellement à l'origine de près de 2% des émissions de gaz à effet de serre. Sans compter les problèmes écologiques induits par le recyclage et la consommation d'énergie nécessaire à la production, toujours croissante, d'équipements indispensables à la dématérialisation. En outre, la consommation de papier continue à augmenter (+5% en 20 ans).

La gestion responsable des ressources naturelles ainsi que la réduction des émissions de CO^2 débordent le cadre de la stricte production industrielle et concernent également la production et la gestion des flux d'information. De fait, avec la dématérialisation, nous assistons à un accroissement exponentiel de la production et de la circulation d'informations.

La sobriété numérique consiste à utiliser les appareils technologiques de manière raisonnée. Participer à la réduction de l'empreinte carbone implique pour les

---

[21] Paul Millier, professeur en management de l'innovation à l'EM Lyon

entreprises, les administrations et les particuliers d'adopter un comportement plus « durable ».

Plusieurs pistes peuvent être évoquées pour engager une démarche écoresponsable :

- Établir des chartes informatiques en entreprise afin de sensibiliser les collaborateurs et partager les bonnes pratiques : solliciter l'adhésion des personnes. Former les parties prenantes, en créant des plans d'actions comprenant des engagements concrets.
- Limiter la consommation électrique et énergétique en préférant le wifi à la 4G, activer le mode économie d'énergie des téléphones, des ordinateurs… éteindre les appareils plutôt que les laisser en veille, désactiver la géolocalisation et les notifications en arrière-plan qui consomment en permanence des données.
- Éviter le renouvellement trop fréquent des équipements. 80% des impacts du numérique sont causés par la fabrication des appareils. Prenons soin de nos équipements en mettant des housses de protection, installons des antivirus et préférons la réparation au rejet, dans la mesure du possible.
- Réduire les déchets électroniques en donnant le matériel à des associations, le revendre pour des pièces détachées ou le déposer à une recyclerie.
- Inclure la dématérialisation dans les bilans carbones

Le sujet de la dématérialisation écoresponsable s'impose davantage dans les débats et conférences : bilans carbone, énergie propre, écoconception, obsolescence non programmée, frugalité, matériel recyclé…Petit à petit, chacun prend conscience de l'urgence.

Ainsi un premier référentiel 2022 des indicateurs clés de la dématérialisation écoresponsable publié par Serda Conseil[22] et la Coopérative Carbone présente 21 indicateurs qui couvrent l'ensemble des flux de la dématérialisation, depuis l'impression à la numérisation, en passant par la signature électronique, le parapheur, le stockage ou l'archivage. Il permet ainsi de mesurer son empreinte carbone afin d'engager des actions de réduction de son impact environnemental.

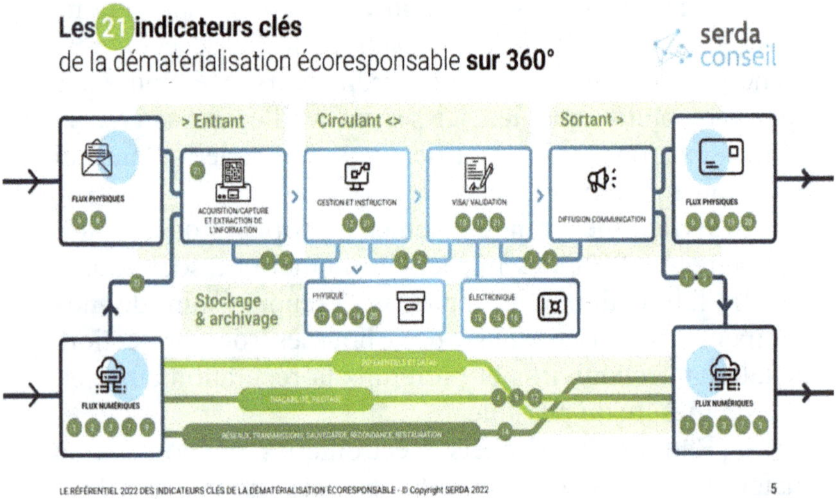

« Nous avons choisi de mesurer l'impact en termes d'émissions de GES des flux entrants, flux circulants et flux sortants, découpage classiquement utilisé pour identifier les cibles d'un processus de dématérialisation. » expliquent Serda Conseil et la Coopérative Carbone.

« Nous souhaitons, au travers de la première version de ce référentiel, poser les bases d'une contribution

[22] Spécialiste de l'organisation de la mémoire et du savoir, conseil en optimisation de l'information

singulière au débat de l'éco-responsabilité numérique dans nos organisations mais aussi un outil concret pour penser et mettre en œuvre une dématérialisation responsable, sujet phare de la transformation numérique de os processus. »

Il faudra sans doute attendre que la génération numérique - née avec internet - affranchie de la « lecture papier » soit majoritaire dans la population active pour voir cette consommation baisser.

2.3.5 Vers une règlementation plus efficace

L'explosion du numérique depuis plusieurs années a rendu indispensable la détermination d'un cadre règlementaire. Partout dans le monde des cadres réglementaires se construisent progressivement et en France, de nombreuses étapes ont été franchies, de la Loi Lemaire (2016), à la loi REEN (2021) ou au programme Action Publique 2022 (lancé en octobre 2017).

Mais une question se pose : aujourd'hui, ce cadre règlementaire est-il suffisamment efficace ?

L'objet de cette section est de suggérer quelques pistes susceptibles d'améliorer l'efficacité des réglementations mises en place et de celles à venir.

2.3.5.1 Élaboration d'un lexique du numérique officialisé et accessible à tous

La dimension prise par la révolution numérique rend nécessaire l'élaboration d'un lexique du numérique officialisé et accessible à tous comme par exemple par sa mise en ligne sur le site gouv.fr. Ainsi, des définitions précises, claires et non sujettes à interprétation permettraient à tous les acteurs du numérique de s'accorder sur les termes utilisés. Des réglementations compréhensibles par tous sont, de façon évidente, plus incitatives, et donc plus efficaces.

Par ailleurs, cette transition numérique est en constante évolution au fur et à mesure des innovations technologiques. Un tel lexique, véritable référentiel, pourrait être alimenté au fil du temps de façon à être le plus exhaustif possible.

2.3.5.2 Des règlementations davantage compréhensibles

La lecture des règlementations s'avère parfois difficilement compréhensible à cause notamment de l'utilisation d'un langage hermétique. Un effort de rédaction est nécessaire pour éviter toute interprétation parce qu'incompréhension. Peut-être pourrions-nous envisager le recours à un panel composé certes de juristes, mais également de spécialistes des secteurs d'activité concernés, tant dans le public que dans le privé, et d'utilisateurs finals ?

2.3.5.3 Le Code Numérique, un outil à privilégier

En août 2021, LexisNexis publiait le premier Code du Numérique afin de « *présenter de manière unifiée l'ensemble du droit applicable pour chaque thématique, organisée de manière logique par grands thèmes, complété et éclairé par la jurisprudence*. »[23]

---

[23] LexisNexis, groupe mondial avec des activités dans l'édition professionnelle et la fourniture de services d'information juridique et économique.

Un effort assurément louable dans la mesure où jusque-là, les textes juridiques étaient dispersés donc difficilement accessibles, et qui devrait se poursuivre dans le temps grâce à de nouvelles éditions annuelles actualisant et améliorant le travail déjà fourni.

L'élaboration d'un tel Code ne peut que jouer un rôle positif sur l'efficacité des règlementations dans la mesure où il concentre en un seul document l'ensemble des dispositions juridiques, les rendant ainsi plus accessibles. Il facilite également les liens entre règlementations générales et règlementations spécifiques et offre au lecteur une approche méthodique du droit applicable pour chaque thématique et chaque secteur d'activité.

2.3.5.4 Observatoire national des pratiques et des règlementations du numérique

En novembre 2011 est inauguré l'Observatoire du numérique, organisme public dont la mission est de transmettre une information continue sur l'évolution du numérique dans l'économie française et de permettre une meilleure diffusion des technologies numériques.

Onze ans après, au vu de l'ampleur du phénomène numérique et de l'importance des changements qu'il provoque, il peut être opportun d'envisager la création d'un Observatoire national des pratiques et des réglementations du numérique.

Cet observatoire aurait plusieurs missions :

- Encourager les acteurs du numérique à adopter de « bonnes pratiques » grâce à des modèles de référence et des lignes directrices actualisées régulièrement ;

- Permettre aux utilisateurs finals de faire remonter tout dysfonctionnement, ce qui permettrait de centraliser l'ensemble des dysfonctionnements rencontrés, facilitant ainsi leur analyse et la recherche de solutions appropriées ;
- Œuvrer pour une uniformisation des formats afin de favoriser l'interopérabilité donnant ainsi la capacité de communiquer entre deux ou plusieurs systèmes ;
- Mettre en place une veille règlementaire afin de mieux s'aligner sur la réglementation européenne et tenir compte des approches mondiales en la matière. Cette démarche permettrait d'éviter des divergences trop importantes avec d'autres pays européens, sources potentielles de dysfonctionnements d'un pays à l'autre et/ou de conflits.

2.3.5.5 Mise en place de politiques publiques transversales

La mise en place de politiques publiques transversales constitue également un moyen de rendre les règlementations plus efficaces. Concernant par exemple l'impact environnemental du numérique, un rapport d'une mission d'information sénatoriale publié le 24 juin 2020 indiquait ainsi : « *Secteur économique majeur, le numérique est pourtant totalement ignoré en tant que tel des politiques publiques visant à atteindre les objectifs climatiques fixés par l'Accord de Paris : il n'existe pas de stratégie transversale publique visant à atténuer les impacts environnementaux.* »

Les auteurs de la Loi n°2021-1485 du 15 novembre 2021, visant à réduire l'empreinte environnementale, ont même été jusqu'à qualifier l'impact environnemental du numérique « d'angle mort de nos politiques publiques ».

Par ailleurs, d'autres pistes pourraient être explorées, telles que la création d'un (ou plusieurs) organe(s) de contrôle concernant la mise en application effective des règlementations ou encore la détermination de sanctions suffisamment dissuasives en cas de non-respect des règlementations. Bref, le défi semble de taille. Mais en est-il pour autant impossible à relever ?

2.3.6 Synthèse

Avec l'essor des avancées technologiques, la dématérialisation dans notre société touche aujourd'hui tous les secteurs : sociaux, économiques, environnementaux, juridiques et sécuritaires. En quelques années, elle s'est imposée avec fermeté et de façon immuable.

Dans un réel souci de s'adapter au mieux à cette révolution numérique, les entreprises sont contraintes à faire évoluer leur organisation, leur gestion des documents, leur mode de travail, leurs outils informatiques..., et ce, rapidement, des obligations légales s'imposant avec des échéances à respecter. Néanmoins, des avantages non négligeables les encouragent à aller dans ce sens. Mais qu'en est-il de la sécurité des données ? Quel impact sur nos façons de travailler ?

De fait, la dématérialisation fait partie de notre vie. Elle s'impose à nous, notamment dans beaucoup de nos démarches administratives (banques, feuilles de paie, demande de papiers d'identités, pass sanitaire...). Sommes-nous préparés à ce changement ? Quel impact dans notre quotidien ?

Comment faire face à tous ces différents enjeux sociétaux ?

Au terme de notre revue de littérature, pour répondre à cette question qui est essentielle, plusieurs hypothèses se dessinent :

- Si la dématérialisation s'intègre de plus en plus dans le quotidien des individus, en revanche, les études ne permettent pas de déterminer dans quelle mesure ils en ont conscience ;
- Une formation au numérique dès l'école pourrait réduire l'exclusion d'une partie de la population. De même, un accompagnement et un suivi au plus près des besoins donneraient l'occasion d'une transition plus douce et fluide et entraineraient une véritable acceptation ;
- En sensibilisant et en guidant les entreprises dans la mise en œuvre des procédures conformes au RGPD, la sécurité des données devrait être assurée ;
- L'émergence de solutions innovantes aiderait à répondre aux problématiques environnementales.

Elles devront être confrontées à l'enquête terrain qui viendra confirmer ou infirmer ces propos.

CHAPITRE 3 - METHODOLOGIE DE RECHERCHE

A la lecture d'un certain nombre de documents, la dématérialisation des processus semble être plébiscitée. Un grand nombre d'avantages sont avancés. Les messages et publicités à destination des entreprises comme du public idéalisent cette technique, et les incitent fortement à la mettre en œuvre.

Néanmoins, certains détracteurs présentent des arguments et des données qui interrogent : impacts sociaux, économiques, environnementaux, juridiques, et sécuritaires sont mentionnés. En effet, leurs propos mettent en relief des limites à cette dématérialisation et des objectifs encore difficiles à atteindre.

Parallèlement, incitée fermement par le Gouvernement, la dématérialisation devient peu à peu obligatoire pour les entreprises et les citoyens doivent s'y soumettre comme par exemple la facture électronique qui sera obligatoire à partir de janvier 2024.

Dans ce contexte, il apparaît nécessaire de confronter ces discours à la réalité terrain afin d'identifier quels sont les leviers appliqués pour rendre la dématérialisation optimale mais également de mettre en relief les freins à sa performance et les résultats obtenus aujourd'hui.

Les hypothèses que nous voulons démontrer s'articulent autour des points suivants :

- Malgré son intégration croissante dans la vie quotidienne des individus, nous ignorons encore dans quelle mesure ils en sont conscients ;
- L'introduction d'une formation numérique dès l'école pourrait atténuer l'exclusion d'une partie de la population. De plus, un accompagnement et un suivi personnalisés faciliteraient la transition vers la dématérialisation et favoriseraient son acceptation ;
- La sensibilisation et l'accompagnement des entreprises dans la mise en œuvre de procédures conformes au RGPD devraient garantir la sécurité des données ;
- L'émergence de solutions innovantes pourrait répondre aux défis environnementaux liés à la dématérialisation.

La méthodologie retenue porte autant sur le quantitatif que le qualitatif.

Partie 4 - METHODE D'INVESTIGATION QUANTITATIVE

A travers cette méthode, nous souhaitons analyser dans quelle mesure les personnes - à titre professionnel comme personnel - ont conscience de l'omniprésence de la dématérialisation.

Pour ce faire, nous proposons de mesurer la prise de conscience à l'aide de la grille des 4 phases de l'apprentissage d'Abraham Maslow.

Nous examinerons également leur niveau de connaissance concernant la dématérialisation, ainsi que leurs représentations, leurs rapports et leurs attentes vis-à-vis de ce processus.

Dans un souci de mieux appréhender l'incidence de la dématérialisation sur le quotidien des individus, nous approfondirons les données suivantes, en fonction des catégories socio-professionnelles :

- Qu'est-ce que la dématérialisation ?
- Qu'elle en est sa représentation ?
- Qu'elle en est son utilisation ?
- Qu'elles en sont les attentes ?

Nous prévoyons de transmettre un questionnaire via l'instrument de mesure Microsoft Forms de façon à interroger la plus grande variété d'interlocuteurs de catégories socio professionnelles différentes : employés, ouvriers, professions intermédiaires, artisans, commerçants, cadres, professions intellectuelles, agriculteurs, retraités, étudiants à l'Université Paris Dauphine Executive Master Compliance en deuxième année, experts AFNOR, étudiants MDO CESI, utilisateurs privés divers…

Dix-sept questions sont proposées :

1. Quelle est votre catégorie socio-professionnelle ? (8 possibilités)
2. Dans quelle catégorie d'âge êtes-vous ? (4 possibilités)
3. Savez-vous ce qu'est la dématérialisation ?
4. Êtes-vous pour ou contre la dématérialisation ? (Échelle de mesure de 1 à 10)
5. Quel(s) mot(s) selon vous définirez au mieux la dématérialisation ? (Choisir 4 mots maximum dans une liste donnée)
6. Pensez-vous que la dématérialisation a un impact sur votre quotidien ?
7. Dans quel contexte pensez-vous être le plus impacté par la dématérialisation ? (4 possibilités)
8. Quel(s) serait(aient) selon vous l'(les) avantage(s) de la dématérialisation ? (Choisir 4 mots maximum dans une liste donnée)
9. Quel(s) serait(aient) selon vous l'(les) inconvénient(s) de la dématérialisation ? (Choisir 4 mots maximum dans une liste donnée)
10. Quel(s) impact(s) sur l'environnement produirait selon vous la dématérialisation ? (Échelle de mesure de 1 à 10)
11. Combien de fois par jour, pensez-vous avoir affaire à la dématérialisation ? (4 possibilités)

12. Avez-vous déjà entendu parler du RGPD ?
13. Avez-vous déjà entendu parler de EIDAS ?
14. Avez-vous déjà entendu parler de DSA/DMA ?
15. Pensez-vous que vous données personnelles sont assez sécurisées ?
16. Êtes-vous suffisamment informé et accompagné dans la dématérialisation de vos documents ?
17. Pensez-vous avoir pris conscience de l'impact de la dématérialisation dans votre quotidien ?

L'échantillonnage comporte environ 200 personnes, de catégories socio-professionnelles, et d'âges différents, sans différence entre le sexe des participants.

Partie 5 - METHODE D'INVESTIGATION QUALITATIVE

En complément de l'approche quantitative, nous souhaitons explorer des dimensions plus complexes qui ne peuvent être abordées efficacement par le biais d'un simple questionnaire fermé.

Nous cherchons ainsi à approfondir un résultat spécifique qui a été mis en évidence grâce à l'enquête quantitative. A cet effet, nous sélectionnerons des participants parmi ceux ayant accepté d'être recontactés pour un entretien ultérieur.

En intégrant l'approche qualitative à notre étude, nous visons à obtenir des informations plus riches et nuancées en permettant aux participants de s'exprimer librement. Les entretiens nous permettront d'explorer les raisons, les motivations et les expériences personnelles des individus concernés. Ces données qualitatives complémentaires nous aideront à mieux comprendre les facteurs sous-jacents, les perceptions individuelles et les contextes spécifiques qui peuvent influencer les résultats obtenus dans notre enquête quantitative.

Cette approche combinée nous permettra ainsi de bénéficier des avantages des méthodes quantitatives, telles que la collecte rapide de données à grande échelle, tout en explorant les subtilités et les aspects émotionnels des participants qui seraient difficiles à saisir uniquement par des questions fermées. L'articulation entre l'approche quantitative et qualitative renforcera la robustesse et la profondeur de notre étude, tout en fournissant des informations complémentaires essentielles pour une analyse complète et approfondie de notre recherche.

Nous prévoyons de réaliser cinq entretiens semi-directifs (sous réserve de l'accord des participants), en privilégiant les rencontres en personne. Nous chercherons à diversifier les profils des participants en adoptant une typologie variée.

Chaque entretien devrait durer entre 45 et 60 minutes, permettant ainsi d'explorer les différentes perspectives et expériences. Ils seront enregistrés afin de garantir l'exactitude des informations. Par la suite, la majorité de ceux-ci seront résumés pour faciliter une analyse de contenu approfondie.

En combinant les données issues des entretiens avec les résultats quantitatifs de notre enquête, nous espérons obtenir une vision plus complète et approfondie du sujet étudié, enrichissant ainsi notre compréhension globale. La synthèse des informations provenant des deux approches renforcera la validité et la fiabilité de nos résultats

CHAPITRE 4 - RESULTATS ET DISCUSSION

Partie 6 - METHODE D'INVESTIGATION QUANTITATIVE

4.6.1 Quelle est votre catégorie socio-professionnelle ?

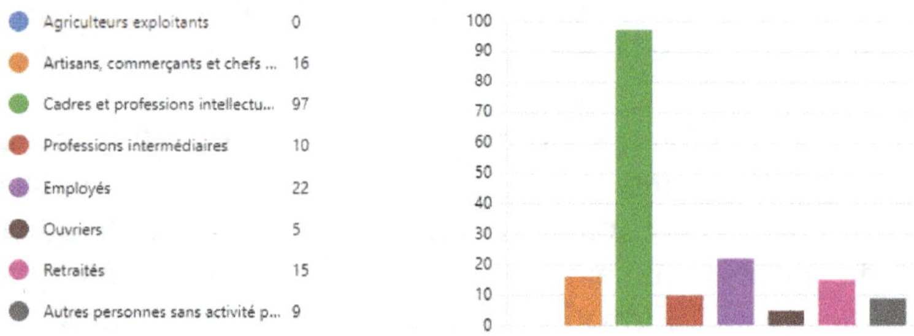

Nous avons utilisé la nomenclature des professions et catégories socioprofessionnelles (PCS) de l'INSEE qui sert à la codification des enquêtes réalisées auprès des individus et des ménages.

Ainsi, sur les 174 réponses :

- 56% des personnes sont des cadres et professions intellectuelles,
- 9% des artisans, commerçants et chefs d'entreprises,
- 6% des professions intermédiaires,
- 13% des employés,
- 3% des ouvriers,

- 9% des retraités,
- Et 5% sans activité professionnelle.

Nous n'avons pas obtenu de réponse de personnes appartenant à la catégorie *Agriculteurs exploitants.* Nous constatons que plus de la moitié des personnes ayant répondu au questionnaire appartiennent à la catégorie des *Cadres et professions intellectuelles.*

Ce résultat pourrait-il déjà indiquer une différence significative dans l'aptitude à utiliser les outils de dématérialisation au sein d'une classe socio-professionnelle spécifique ?

4.6.2 Dans quelle catégorie d'âge êtes-vous ?

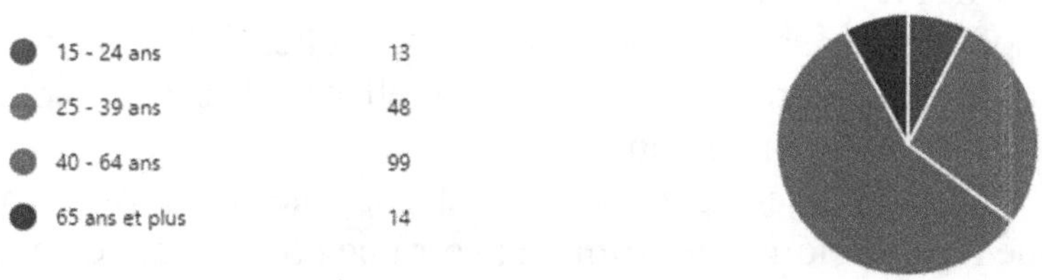

Nous avons décomposé la catégorie d'âge en 4 groupes :
- 7% ont entre 15 et 24 ans,
- 28% ont entre 25 et 39 ans,
- 57% ont entre 40 et 64 ans
- et 8% des personnes interrogés ont 65 ans et plus.

Nous notons une faible participation des 15-24 ans ainsi que des 65 ans et plus. Ces personnes ont-elles été captées par nos canaux de communication ?

4.6.3 Savez-vous ce qu'est la dématérialisation ?

Nous observons que 94% des personnes interrogées ont répondu OUI, (soit 163 personnes).

Chez les 11 personnes à avoir répondu NON, on retrouve 3 personnes sans activité professionnelle, 2 retraités, 2 ouvriers, 2 cadres et professions intellectuelles, 1 employé et 1 artisan, commerçant.

D'une manière générale, il est possible de reconnaître que les individus qui estiment avoir une connaissance de la dématérialisation occupent davantage des postes à responsabilité, tels que cadres, managers ou professions intellectuelles. Ils ont tendance, semble-t-il, à utiliser fréquemment les outils informatiques, ainsi que les moyens de communication tels que le courrier électronique et les messageries instantanées.

Quant aux 11 personnes prétendant ne pas savoir ce qu'est la dématérialisation, 5 d'entre elles sont retraitées ou des personnes sans emploi. Nous pouvons envisager la possibilité qu'elles soient éloignées du monde de l'entreprise, éventuellement des outils informatiques ainsi que des procédures et démarches qui y sont courantes.

Ces réponses confirment l'enquête de cadrage annuel du Crédoc (*Le baromètre numérique*) qui révèle que les usages du numérique restent plus nombreux et variés dans les populations socialement et culturellement privilégiés.

4.6.4 Êtes-vous pour ou contre la dématérialisation ?

Pour évaluer cette question, nous avons utilisé une échelle de mesure de 1 à 10, où 1 signifie « *tout à fait contre* » et 10 « *tout à fait pour* ».

Les résultats présentent une tendance générale favorable à la dématérialisation, avec une moyenne de 7,4 sur 10. Environ 27% des participants (soit 48 personnes sur 174) se sont présentés comme étant « *tout à fait pour* » avec une note de 10.

Seulement 17% des personnes interrogées se sont décrites dans la fourchette allant de « *tout à fait contre* » (1 sur l'échelle de mesure) à « *ne sait pas trop* » (5 sur l'échelle de mesure).

Il est également remarquable que parmi les 163 personnes qui ont affirmé savoir ce qu'était la dématérialisation à la question 3, 52% d'entre elles se sont montrées très favorables à ce processus (de 8 à 10 sur l'échelle de mesure).

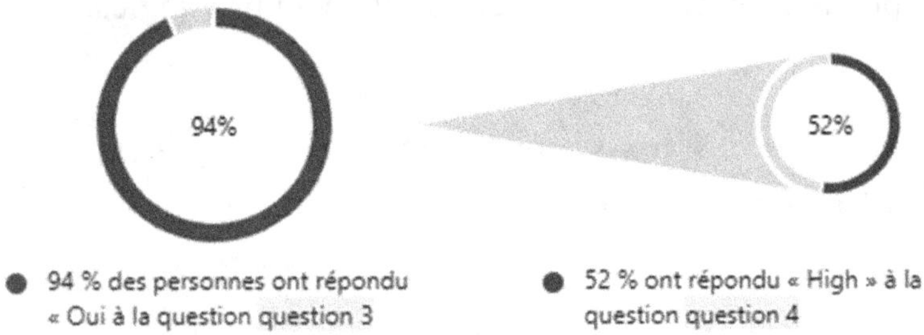

4.6.5 Quel(s) mot(s) selon vous définirait au mieux la dématérialisation ?

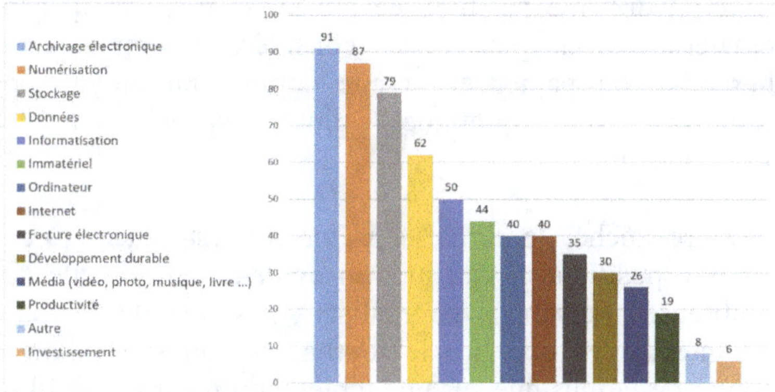

Les réponses à cette question mettent en évidence trois mots clefs prédominants : « *archivage électronique* », « *numérisation* », et « *stockage* ». Ces termes sont liés à la dématérialisation des documents et à la préservation des données au format numérique. Ils décrivent également une forte corrélation avec le contexte professionnel, notamment dans le monde de l'entreprise.

Ces résultats corroborent les dires de la revue de littérature qui mettait en avant l'importance croissante de « s'affranchir du papier » et de « réduire le recours au support physique pour l'archivage et la conservation des informations ».

Nous identifions également les termes tels que « *informatisation* », « *immatériel* », « *ordinateur* », « *internet* » et « *facture électronique* », qui sont davantage représentatifs des outils, équipements et moyens utilisés pour accéder à la dématérialisation.

Le concept de « *développement durable* », cité 30 fois, arrive en dixième position, ce qui laisse présager que la dématérialisation peut être considérée comme une alternative au papier et perçue comme un moyen de promouvoir des pratiques plus respectueuses de l'environnement.

En revanche, le terme « *Média* » n'est placé qu'en onzième position, ce qui met en évidence le fait que de nombreuses personnes ne réalisant pas que des actons courantes telles que lire le journal sur un smartphone, écouter de la musique sur une tablette ou regarder un film sur un ordinateur font partie du processus de dématérialisation. Pourtant, ce sont très certainement des activités largement pratiquées au quotidien, et qui peuvent également être particulièrement énergivores.

4.6.6 Pensez-vous que la dématérialisation a un impact sur votre quotidien ?

Sur les personnes interrogées, 143 d'entre elles représentant 83%, affirment que la dématérialisation a un impact sur leur quotidien tandis que 31 personnes, soit 17% assurent que cela n'a pas d'impact sur leur quotidien.

Globalement, parmi les 143 individus qui ont répondu positivement, 98% d'entre eux, soit 140 personnes, ont également avancé connaître la dématérialisation, en réponse à la question 3.

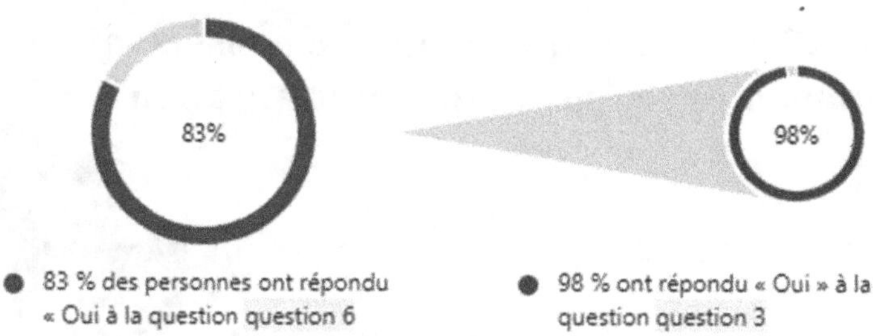

Dans l'ensemble, il est clair que la dématérialisation a un impact significatif sur la vie quotidienne d'une vaste majorité de personnes.

Il est à noter que parmi les 31 personnes ayant répondu que la dématérialisation n'a pas d'impact sur leur quotidien, 25 d'entre elles se présentent principalement dans les catégories socio-professionnelles telles que les « *employés* », les « *ouvriers* », les « *retraités* », et les personnes « *sans activité professionnelle* ». Cette observation peut s'expliquer par le fait que ces individus perçoivent la dématérialisation, semble-t-il, comme étant principalement liée au monde du travail et à l'utilisation d'ordinateurs en milieu professionnel. Ainsi, ils pourraient ne pas avoir réalisé que les loisirs, tels que les médias en ligne et les conversations via les messageries instantanées, font également partie du processus de dématérialisation.

Or, l'enquête étant diffusée uniquement via l'application WhatsApp et par email, cela implique que toutes les personnes qui y ont répondu, présentent un compte WhatsApp et/ou une adresse email, démontrant ainsi leur participation active dans le mouvement de dématérialisation.

4.6.7 Dans quel contexte pensez-vous être le plus impacté par la dématérialisation ?

Lorsque la question leur a été soumise, la majorité des personnes interrogées ont répondu qu'elles étaient impactées à la fois sur le plan professionnel et personnel, soit 103 individus sur les 174, représentant ainsi 59% des répondants.

Parmi ces 103 personnes, 72 occupent des postes de « *cadres* » et de « *professions intellectuelles* », 11 sont des employés, 9 exercent des métiers « *d'artisans, de commerçants, de chefs d'entreprise* », 7 concernent des « *professions intermédiaires* » et 4 sont « *sans activité professionnelle* ».

29 personnes, soit 17%, estiment être impactées uniquement de manière professionnelle. On retrouve une répartition de profession comme suit : 16 personnes pratiquant des professions de « *cadres* » et de « *professions intellectuelles* », 6 « *employés* », 5 « *artisans, commerçants, chefs d'entreprise* », et 2 ayant des « *professions intermédiaires* ».

Ces résultats soulignent l'effet prédominant de la dématérialisation dans le domaine professionnel pour ce groupe spécifique de répondants.

Parmi les personnes interrogées, 27 d'entre elles, déclarent être impactées uniquement personnellement par la dématérialisation. La répartition des professions au sein de ce groupe se présente ainsi : 10 personnes « *retraitées* », 7 personnes occupant des postes de « *cadres* » et de « *professions intellectuelles* », 3 « *ouvriers* », 2 « *employés* », 2 « *artisans, commerçants, chefs d'entreprise* », 1 personne exerçant une « *profession intermédiaire* », et 1 personne « *sans activité professionnelle* ».

Ces résultats soulignent l'effet prédominant de la dématérialisation dans le domaine personnel pour ce groupe spécifique de répondants.

Enfin, 15 personnes, soit 9%, prétendent ne pas être impactées par la dématérialisation, ni professionnellement, ni personnellement. La répartition des professions au sein de ce groupe se décline comme telle : 5 personnes « *sans activité professionnelle* », 4 « *retraités* », 2 « *cadres et professions intellectuelles* », 2 « *employés* », et 2 « *ouvriers* ».

Ce résultat indique que, malgré une proportion relativement faible, il existe un sous-groupe de répondants qui ne perçoit pas d'impact direct de la dématérialisation dans leur quotidien, tant professionnel que personnel.

Pour illustrer ces résultats, nous proposons d'utiliser la grille d'Abraham Maslow sur les quatre phases de l'apprentissage :

INCOMPETENCE INCONSCIENTE	INCOMPETENCE CONSCIENTE
Je ne sais pas que je ne sais pas	Je sais que je ne sais pas
Aucun impact de la dématérialisation	**Impacté de manière personnelle**
15 Personnes (9%)	**27 Personnes (15%)**
COMPETENCE INCONSCIENTE	COMPETENCE CONSCIENTE
Je sais pas que je sais	Je sais que je sais
Impacté de manière professionnelle	**Impacté de manière personnelle et professionnelle**
29 Personnes (17%)	**103 Personnes (59%)**

- L'incompétence inconsciente : 15 personnes ne réalisent pas l'impact de la dématérialisation dans leur quotidien, n'ayant pas conscience de l'utilisation des technologies numériques.

- L'incompétence consciente : 27 personnes sont conscientes de leur manque de compétence dans l'utilisation de la dématérialisation dans le domaine professionnel.
- La compétence inconsciente : 29 personnes peuvent être performantes dans leur domaine professionnel, mais elles ne réalisent pas les retombées de la dématérialisation dans leur vie personnelle.
- La compétence consciente : 103 personnes sont conscientes de l'utilisation de la dématérialisation et de son impact à la fois dans leur vie personnelle et dans leur vie professionnelle.

Malgré les très nombreuses conséquences de la dématérialisation sur notre quotidien, à la fois professionnel et personnel, nous observons que cette prise de conscience peut varier d'une personne à l'autre, comme en témoignent ces résultats. En effet, si certaines personnes sont lucides sur les changements occasionnés, d'autres les ignorent, en partie voire totalement.

Cependant, la dématérialisation a transformé de nombreux aspects de notre vie quotidienne :
- Une communication plus facile et plus rapide grâce aux services de messagerie instantanée, aux appels vidéo et aux réseaux sociaux ;
- Un divertissement devenu plus accessible grâce aux plateformes de streaming en ligne ;
- Une possibilité de shopping en ligne qui a révolutionné la manière dont nous achetons des produits et services, offrant ainsi une plus grande commodité.

En présence d'un processus de plus en plus prégnant, il apparaît fondamental de sensibiliser et d'informer davantage sur les répercussions entraînées par la dématérialisation et ce à plusieurs titres, comme par exemple :

- Éviter l'isolement face à l'exigence numérique ;
- Réduire le risque de perte de documents ;
- Accéder à ses données et documents à tout moment ;
- Garantir une traçabilité optimale.

Les conclusions de ces résultats s'appuient davantage sur l'importance de mettre en place un accompagnement personnalisé et un suivi étroit en réponse aux besoins spécifiques. Une telle approche faciliterait une transition plus aisée et sans heurts, ouvrant ainsi la voie à une acceptation réelle et favorisant le développement de compétences nouvelles, qui sont essentielles pour soutenir la croissance exponentielle de la dématérialisation.

4.6.8 Quel(s) serait(aient) selon vous les avantages de la dématérialisation ?

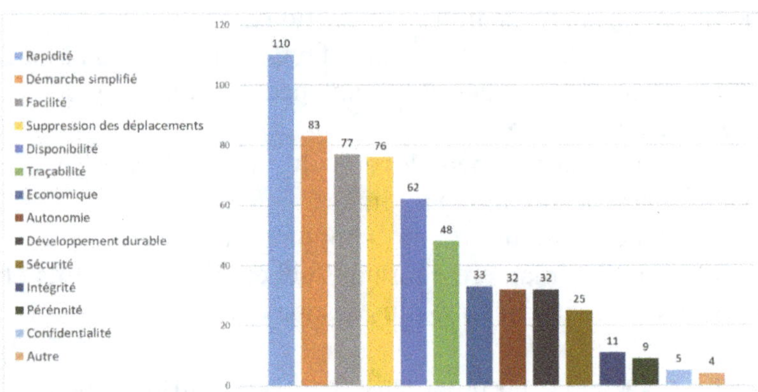

Le mot qui se démarque le plus, et de loin, avec 110 votes, est « *rapidité* ». Cela confirme que la rapidité constitue un avantage clé de la dématérialisation, grâce à la transmission instantanée des documents via les réseaux informatiques, les courriers électroniques ou les plateformes de partage de fichiers. L'accès est ainsi immédiat à partir de n'importe quel endroit disposant d'une connexion internet, et les délais de traitement sont réduits par élimination des étapes physiques du processus, telles que l'impression, le tri et le classement des documents.

Même si pour certains individus les termes « *traçabilité* » (48 votes), « *économique* » (33 votes), « *autonomie* » (32 votes), « *développement durable* » (32 votes), « *sécurité* » (25 votes) semblent être des avantages, ils ne font pas l'unanimité et ne constituent pas les principaux avantages.

En dernière position, nous relevons les mots « *intégrité* » (11 votes), « *pérennité* » (9 votes) et « *confidentialité* ». Ce classement met en évidence ce que nous avons pu observer dans notre revue de littérature : si la confidentialité et l'intégrité des documents numériques sont des enjeux majeurs de la dématérialisation, ces termes ne font pas encore partie des principaux atouts aux yeux du public.

4.6.9 Quel(s) serait(aient) selon vous les inconvénients de la dématérialisation ?

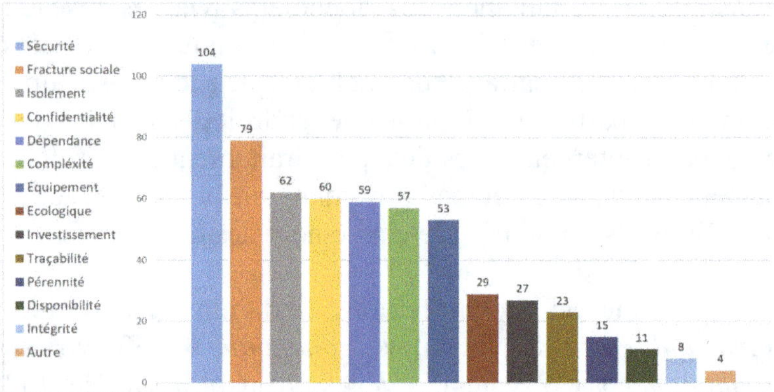

En réponse à cette question, le mot qui a clairement émergé est « *sécurité* » avec 104 votes. Il apparaît ainsi que la sécurité est une préoccupation majeure, la vulnérabilité aux cyberattaques et la perte de données représentant de sérieuses inquiétudes pour les entreprises et leurs gestionnaires. La violation de confidentialité est amplifiée par le partage des données via des réseaux et des plateformes numériques.

A la suite, plusieurs termes se dégagent : « *fracture sociale* » (79 votes), « *isolement* » (62 votes), « *confidentialité* » (60 votes), « *dépendance* » (59 votes), « *complexité* » (57 votes) et « *équipement* » ((53 votes). Ces résultats révèlent un souci réel lié à la dépendance aux infrastructures numériques :

- L'exclusion numérique résulterait du manque d'accès à une connexion internet, du manque d'appareils électroniques et de l'absence de compétences numériques adéquates pour utiliser certains services ou avantages liés à la dématérialisation ;

- Un dysfonctionnement ou une panne pourrait provoquer des perturbations et/ou des retards créant ainsi une situation pénalisante pour les usagers ;
- La complexité des démarches et procédures produirait pour certains individus une privation matérielle et sociale.

La troisième tendance qui se dégage concerne les mots « *écologique* » (29 votes), « *investissement* » (27 votes), « *traçabilité* » (23 votes), « *pérennité* » (15 votes), « *disponibilité* » (11 votes) et « *intégrité* » (8 votes).

Nous observons une prise de conscience chez certains individus relatifs à l'impact écologique de la dématérialisation : augmentation de la consommation d'énergie et conséquence environnementale importante due à la fabrication et à l'élimination des dispositifs électroniques.

Pour 27 participants, la dématérialisation requiert d'importants investissements tant dans les technologies de l'information et de la communication, que dans la formation des usagers. Paramètre important à prendre en compte pour une utilisation efficace de la dématérialisation.

La traçabilité des informations peut s'avérer être complexe. Les documents numériques peuvent être modifiés, copiés ou supprimés sans laisser de traces facilement détectables, posant ainsi des problèmes de vérification de l'authenticité des données.

La pérennité des informations soulève des préoccupations quant à leur capacité à être récupérées à long terme. Les formats de fichiers et les logiciels utilisés pour stocker et gérer les données dématérialisées peuvent rapidement devenir obsolètes. Si les systèmes ne sont pas régulièrement mis à jour et migrés vers de nouvelles technologies, il peut être impossible d'accéder aux données nécessaires, ce qui peut avoir des conséquences graves pour les entreprises ou les individus dépendants de ces informations.

Enfin, en ce qui concerne l'intégrité, la dématérialisation peut rendre les données vulnérables aux erreurs, à la corruption ou à la perte. Les fichiers peuvent être altérés accidentellement ou intentionnellement, et la récupération des données peut être difficile, voire impossible.

4.6.10 Quel impact sur l'environnement produirait selon vous la dématérialisation ?

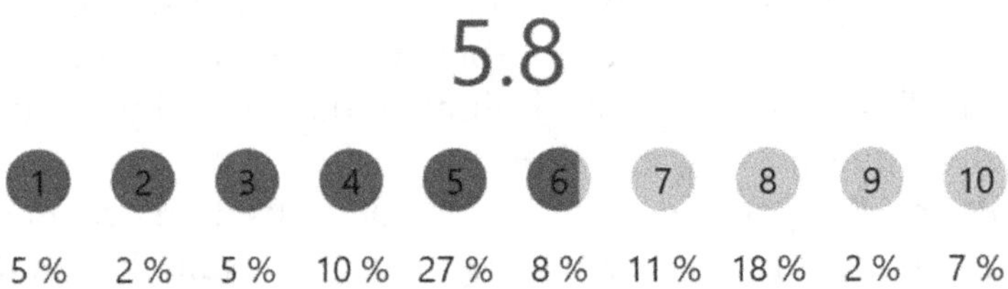

Pour évaluer cette question, nous avons utilisé une échelle de mesure de 1 à 10, où 1 signifie « *très mauvais* » et 10 « *excellent* ».

Une grande majorité des personnes (27%, c'est-à-dire 48 personnes) ont attribué une note de 5, ce qui correspond à un avis neutre. Par ailleurs, 81 personnes (soit 47%) ont donné une évaluation comprise dans la plage de notes « 4 et 6 ».

Pour 29% (soit 50 personnes), les participants ont présenté une évaluation comprise dans la plage de notes « 8

– 10 ». De manière intéressante, 74% de ces personnes sont en faveur de la dématérialisation et ont répondu avec une note entre « 8 et 10 » à la question « *Êtes-vous pour ou contre la dématérialisation* ? ».

Ces résultats semblent confirmer ce que l'on a pu observer dans la revue de littérature, à savoir que « *De manière générale, la dématérialisation tend à séduire par son impact a priori positif sur l'environnement* ».

Bien que la moitié des participants (81 personnes sur 174) aient attribué une note de « 4 à 6 », correspondant à un avis neutre, il est clair qu'il existe un manque de connaissances et de savoir sur l'impact environnemental de la dématérialisation, 87% ayant donné une note comprise entre « 4 et 10 ».

Seulement 23 personnes (soit 13%) estiment que la dématérialisation produit un impact négatif sur l'environnement.

Ces résultats confirment l'hypothèse selon laquelle le développement de solutions innovantes permettrait de répondre aux problématiques environnementales et renseignerait davantage les individus sur les impacts de la dématérialisation.

4.6.11 Combien de fois par jour pensez-vous avoir affaire à la dématérialisation ?

Avec cette question, nous avons cherché à déterminer si les individus étaient conscients du nombre d'interactions provoquées avec la dématérialisation dans leur quotidien.

La majorité des participants pensent avoir affaire à la dématérialisation entre 1 à 5 fois par jour (88 personnes, soit 51%).

45 personnes (26%) estiment avoir plus de 10 interactions dématérialisées par jour, 25 personnes (14%) de 6 à 10 fois par jour, et 16 personnes (9%) confirment ne jamais être confrontées à la dématérialisation.

Parmi les 88 personnes (51%) pensent avoir entre 1 et 5 interactions dématérialisées par jour :

- 5 d'entre elles ont répondu ne pas savoir ce qu'était la dématérialisation ;
- 17 ont dit que la dématérialisation n'avait pas d'impact sur leur quotidien ;
- 4 personnes ne sont pas impactées, ni de manière personnelle et professionnelle ;
- 20 personnes sont impactées uniquement de manière personnelle ;
- 19 personnes sont impactées uniquement de manière professionnelle ;

- 45 personnes sont impactées à la fois de manière personnelle et professionnelle.

Pour les 45 personnes (26%) pensant avoir à faire à la dématérialisation plus de 10 fois par jour :

- Toutes ont répondu savoir ce qu'était la dématérialisation ;
- 44 déclarent que la dématérialisation a un impact sur leur quotidien ;
- 1 seule personne dit être impactée de manière personnelle ;
- 7 sont impactées de manière professionnelle ;
- 37 sont impactées de manière personnelle et professionnelle.

Concernant les 25 personnes ayant entre 6 et 10 interactions dématérialisées par jour :

- Toutes affirment savoir ce qu'est la dématérialisation ;
- 23 disent être impactées dans leur quotidien ;
- 3 sont impactées de manière personnelle ;
- 3 sont impactées de manière professionnelle ;
- 19 sont impactées de manière personnelle et professionnelle.

Et pour les 16 personnes déclarant ne jamais avoir à faire à la dématérialisation :

- 6 d'entre elles ont répondu ne pas savoir ce qu'est la dématérialisation ;
- 11 sont non impactées, ni de manière personnelle et professionnelle ;
- 3 sont impactées de manière personnelle ;
- 2 sont impactées de manière professionnelle.

Le degré de dématérialisation auquel les individus sont confrontés varie considérablement d'une personne à l'autre, en fonction de nombreux facteurs tels que le mode de vie, le travail, l'accès à la technologie, etc. Cependant, dans le monde moderne, la plupart des personnes ont des interactions régulières avec la dématérialisation plusieurs fois par jour en utilisant des services tels que la messagerie électronique, les services bancaires en ligne, les achats en ligne, le travail à distance, les divertissements en ligne, etc.

Ce résultat confirme l'hypothèse qu'une formation adaptée aux besoins encouragerait le développement de nouvelles compétences.

4.6.12 Avez-vous déjà entendu parler du RGPD ?

Lors de cette question 131personnes (soit 75%) ont indiqué avoir déjà entendu parler du RGPD, et 43 personnes (soit 25%) ont avoué ne pas savoir ce qu'est le RGPD.

Notre analyse se concentrera principalement sur le profil des personnes ne connaissant pas le RGPD, en examinant leur catégorie socio-professionnelle et leur tranche d'âge en utilisant le tableau ci-dessous :

Catégorie socio-professionnelle	Catégorie d'âge	Nombre de personne ayant répondu NON	Nombre total de personne	Nombre total de personne en %
Artisans, commerçants et chefs d'entreprises	40 - 64 ans	3	16	19%
Autres personnes sans activité professionnelle	15 - 24 ans	4	9	44%
Cadres et professions intellectuelles supérieures	40 - 64 ans	8	97	10%
	25 - 39 ans	2		
Employés	40 - 64 ans	3	22	27%
	25 - 39 ans	2		
	15 - 24 ans	1		
Ouvriers	25 - 39 ans	3	5	80%
	15 - 24 ans	1		
Professions intermédiaires	40 - 64 ans	3	10	40%
	25 - 39 ans	1		
Retraités	65 ans et plus	12	15	80%
		43	174	25%

A la lecture des données, nous remarquons que les principaux groupes d'individus prétendant ne pas connaitre le RGPD appartiennent à la catégorie des « *ouvriers* » (soit 80% des personnes sondées), âgés de 15 à 39 ans, ainsi qu'à à la catégorie des « *retraités* » (soit 80% des personnes sondées), âgés de 65 ans et plus.

Cette situation peut s'expliquer par le manque de sensibilisation au RGPD qui peut varier en fonction de l'accès à l'information et de la participation aux programmes de formation. En effet, les professionnels travaillant dans des secteurs spécifiques bénéficient de plus de facilités à profiter de formations pour se tenir informés des réglementations en matière de protection des données. Les ouvriers occupant des postes de manutention et étant moins exposés aux questions de confidentialité des données ne sont pas les cibles prioritaires des employeurs en termes de formation au RGPD.

Quant aux retraités, souvent déconnectés du monde professionnel et ayant de nouveaux objectifs de vie et centres d'intérêts, ils ne se tiennent plus aussi informés des nouvelles réglementations.

44% des participants s'inscrivent dans la catégorie « *sans activité professionnelle* » et sont âgés de 15 à 24 ans. Nous pouvons supposer qu'un manque de sensibilisation ou de formation se fait ressentir, étant donné que cette catégorie inclut probablement des étudiants ou des personnes sans emploi en raison de leur jeune âge.

Les « *professions intermédiaires* » âgées de 25 à 64 ans, représentent 40% des participants ne connaissant pas le RGPD. Bien que cette catégorie socio-professionnelle comprenne des métiers qui peuvent traiter des données personnelles, tels que les infirmiers, les comptables ou encore les commerciaux, il peut y avoir plusieurs explications à ce taux élevé de méconnaissance du RGPD :

- Le manque de sensibilisation ;
- L'absence de formation ;
- La complexité du règlement ;
- Le défaut de ressources dédiées.

Parmi les personnes sondées, 27% d'entre elles s'affichant dans la catégorie « *employés* », âgées de 15 à 64 ans, n'ont jamais entendu parler du RGPD. Comme pour les « *professions intermédiaires* », il est probable qu'il y ait un manque de formation et de sensibilisation du personnel. Tous les employés n'ont pas nécessairement des responsabilités directes liées à la protection des données, et certaines entreprises peuvent connaître des rotations fréquentes du personnel, surtout dans les secteurs où le recrutement est intense.

Les « *artisans, commerçants et chefs d'entreprises* », âgés de 40 à 64 ans représentent 19% des participants ne connaissant pas le RGPD. Souvent très concentrés sur leur cœur de métier et préoccupés par la gestion quotidienne de leur entreprise, cette population active dispose de moins de temps et de ressources pour se tenir informée des réglementations telles que le RGPD.

Enfin, les « *cadres et professions intellectuelles supérieures* » âgés de 25 à 64 ans correspondent 10% des personnes ne connaissant pas le RGPD. Beaucoup plus d'individus de cette catégorie ont déjà entendu parler du RGPD. Occupant souvent des postes à responsabilités, tels que manager ou directeur, cette catégorie de salariés a certainement déjà dû être confrontée au RGPD (entré en application en 2018) et sensibilisée ainsi que formée dans le cadre de son activité.

A la lumière de ces résultats, nous pouvons confirmer l'hypothèse selon laquelle une sensibilisation à la règlementation permettrait une plus grande confiance des utilisateurs et, par conséquent, une utilisation plus sereine des services. De plus, un suivi des entreprises à la mise en place de procédures en conformité avec le RGPD garantirait la sécurité des données, préoccupation forte des individus.

4.6.13 Avez-vous déjà entendu parler de EIDAS ?

Dans la revue de littérature, nous avons découvert que l'EIDAS est un règlement qui établit un socle commun pour les interactions électroniques sécurisées entre les citoyens, les entreprises et les autorités publiques depuis le 23 juillet 2014.

Cependant, à la lecture des résultats, il est évident que 77% des participants n'ont jamais entendu parler de ce règlement.

En examinant le tableau ci-dessous, nous remarquons que, à l'exception de 36% des « *cadres* », toutes les autres catégories socio-professionnelles n'ont pas ou très peu entendu parler de l'EIDAS.

Catégorie socio-professionnelle	Catégorie d'âge	Nombre de personne ayant répondu NON	Nombre total de personne	Nombre total de personne en %
Artisans, commerçants et chefs d'entreprises	40 - 64 ans	11	16	81%
	25 - 39 ans	2		
Autres personnes sans activité professionnelle	15 - 24 ans	6	9	100%
	25 - 39 ans	1		
	40 - 64 ans	1		
	65 ans et plus	1		
Cadres et professions intellectuelles supérieures	15 - 24 ans	3	97	64%
	25 - 39 ans	15		
	40 - 64 ans	44		
Employés	15 - 24 ans	3	22	100%
	25 - 39 ans	10		
	40 - 64 ans	9		
Ouvriers	15 - 24 ans	1	5	100%
	25 - 39 ans	4		
Professions intermédiaires	25 - 39 ans	2	10	100%
	40 - 64 ans	8		
Retraités	40 - 64 ans	1	15	87%
	65 ans et plus	12		
		134	174	77%

Malgré l'omniprésence croissante de la signature électronique dans nos démarches administratives, sous forme de code confidentiel, mot de passe, authentification par SMS, signature biométrique…, chacune offrant un niveau de sécurité et de validité distinct, seulement 23% des personnes sondées ont entendu parler de la réglementation qui encadre la signature électronique.

Bien qu'il ne soit pas obligatoire d'avoir une connaissance approfondie de l'EIDAS, une compréhension générale de cette réglementation peut être bénéfique pour tirer parti de la signature électronique dans un environnement numérique sûr et conforme à la législation.

Ce constat confirme l'hypothèse selon laquelle un accompagnement et un suivi personnalisé permettraient probablement une transition plus fluide et encourageante, favorisant ainsi une véritable acceptation de la signature électronique.

4.6.14 Avez-vous entendu parler de DSA/DMA ?

Tout comme pour la question précédente, la grande majorité des participants (soit 86%) n'ont jamais entendu parler du DSA (Digital Service Act) qui vise à améliorer *« considérablement les mécanismes de suppression des contenus illicites et de protection effective des droits fondamentaux des utilisateurs en ligne, y compris la liberté d'expression »*.

De même, le DMA (Digital Market Act), qui souhaite mettre fin à la domination des géants du Net en tentant de réguler les plateformes en ligne qui se *« comportent comme des contrôleurs d'accès sur les marchés du numérique »*, est méconnu de la plupart des personnes sondées.

Bien que les utilisateurs ne soient pas directement ciblés par les obligations du DSA /DMA, ces législations ont été conçues pour promouvoir leur sécurité lorsqu'ils utilisent des services en ligne. En veillant à ce que les plateformes respectent les normes définies par le DSA et le DMA, les utilisateurs pourront bénéficier d'un environnement en ligne davantage transparent, plus sûr et plus conforme à leurs attentes. De plus, la mise en œuvre de cette règlementation contribuera à promouvoir un marché numérique équitable et ouvert.

4.6.15 Pensez-vous que vos données personnelles sont assez sécurisées ?

Les résultats montrent que 75% des participants estiment que leurs données personnelles ne sont pas suffisamment sécurisées. Parmi ces 130 personnes, 78% se déclarent être favorables à la dématérialisation.

La sécurité des données personnelles est devenue un sujet crucial de nos jours, et ce résultat confirme que les utilisateurs sont de plus en plus méfiants et soucieux de la manière dont leurs données personnelles sont collectées, utilisées et exploitées. Ils sont davantage attentifs aux politiques de confidentialité et aux pratiques de sécurité mises en place par les organisations avec lesquelles ils interagissent.

Les scandales liés à la protection des données comme les fuites massives d'informations personnelles ou les abus dans l'utilisation des données, ont engendré une méfiance généralisée envers les entreprises et les institutions qui ne prennent pas suffisamment de mesures pour protéger les informations sensibles.

En conséquence, les attentes du public en matière de sécurité des données personnelles ont considérablement augmenté. Les individus veulent être informés sur la manière dont leurs données sont utilisées et protégées. Ils attendent des entreprises qu'elles mettent en place des mesures de sécurité robustes, telles que le chiffrement des données, la protection contre les accès non autorisés et la notification en cas de violation de données.

Dans l'ensemble, l'opinion publique joue un rôle essentiel en exigeant des normes plus élevées de sécurité des données personnelles. Cette pression peut inciter les organisations à accorder une plus grande attention à la protection des informations sensibles et à mettre en place des mesures de sécurité plus adéquates pour répondre aux attentes des utilisateurs.

4.6.16 Êtes-vous suffisamment informé et accompagné dans la dématérialisation de vos documents ?

Encore une fois, nous constatons un chiffre élevé de 115 personnes (soit 66%) qui estiment ne pas être suffisamment informées et accompagnées dans la dématérialisation.

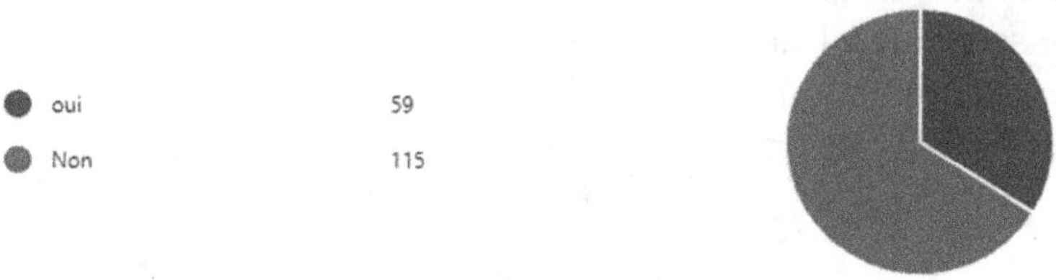

Pourtant le gouvernement a déployé des efforts significatifs pour soutenir la dématérialisation des processus et assurer l'inclusion numérique de tous les citoyens. Des programmes, tels que « France Num », ont été mis en place pour accompagner les petites entreprises et commerçants dans leur transformation numérique. Le projet « Service Public 2022 » vise à simplifier et dématérialiser les démarches administratives en ligne, notamment en matière d'impôts, de sécurité sociale et de demandes de logement, De plus, des structures, telles que les « Maisons de Services au Public », ont été établies dans de nombreuses régions pour offrir un accompagnement personnalisé aux citoyens dans leurs démarches administratives en ligne, en particulier pour ceux qui ont des difficultés d'accès ou de compréhension des outils numériques.

En ce qui concerne l'inclusion numérique, des initiatives sont également en place pour lutter contre la fracture numérique. Des programmes de formation aux compétences numériques de base sont proposés dans des lieux tels que les médiathèques et les centres sociaux.

Cependant, malgré ces efforts, il reste encore des défis à relever pour garantir que tous les citoyens puissent bénéficier de formations et d'accompagnement dans les processus de dématérialisation. L'enjeu est de permettre à chacun d'avoir un accès équitable aux outils numériques et de se sentir à l'aise avec ces technologies, afin de favoriser une utilisation plus fluide et efficiente de la dématérialisation.

4.6.17 Pensez-vous avoir pris conscience de la dématérialisation dans votre quotidien ?

Les personnes ayant répondu NON à cette question sont au nombre de 55, ce qui représente 32% des participants.

Toutes les catégories socio-professionnelles et différentes tranches d'âges sont dépeintes dans le tableau ci-dessous :

Catégorie socio-professionnelle	Catégorie d'âge	Nombre de personne ayant répondu NON	Nombre total de personne	Nombre total de personne en %
Artisans, commerçants et chefs d'entreprises	25 - 39 ans	2	16	31%
	40 - 64 ans	3		
Autres personnes sans activité professionnelle	15 - 24 ans	5	9	67%
	25 - 39 ans	1		
Cadres et professions intellectuelles supérieures	15 - 24 ans	1	97	20%
	25 - 39 ans	7		
	40 - 64 ans	11		
Employés	15 - 24 ans	1	22	36%
	25 - 39 ans	4		
	40 - 64 ans	3		
Ouvriers	15 - 24 ans	1	5	60%
	25 - 39 ans	2		
Professions intermédiaires	25 - 39 ans	1	10	30%
	40 - 64 ans	2		
Retraités	40 - 64 ans	1	15	73%
	65 ans et plus	10		
		55	174	32%

Il est clair que 3 catégories de personnes ont largement exprimé ne pas avoir pris conscience de la dématérialisation dans leur quotidien, à savoir 60% des « *ouvriers* », 67% des personnes « *sans activité professionnelle* » et 73% des « *retraités* », toutes tranches d'âges confondues.

Encore une fois, il s'agit d'une population qui est souvent éloignée du monde professionnel ou occupant des postes à faibles responsabilités qui semble moins consciente de l'impact de la dématérialisation dans son quotidien.

Concernant les « *retraités* », cette situation peut s'expliquer via leur expérience antérieure, qui a été moins exposée de fait à la technologie numérique. Étant moins familiers avec les nouvelles technologies et se sentant moins à l'aise pour les utiliser, ils sont ainsi moins enclins à adopter de nouveaux outils numériques en raison de leur préférence pour des méthodes plus traditionnelles ou de leur crainte face à la complexité des nouvelles technologies. De plus, une certaine réticence de leur part peut également jouer un rôle dans ce manque de prise de conscience. Ils peuvent avoir des réticences à s'engager pleinement dans la dématérialisation, préférant peut-être se fier à ce qu'ils connaissent déjà et qui leur est plus familier.

Quant aux « *ouvriers* » et aux personnes « *sans activité professionnelle* », le manque de ressources financières peut être l'une des raisons de cette absence de prise de conscience. En effet, l'insuffisance de moyens entraîne un accès limité à Internet et aux outils tels que les ordinateurs ou les smartphones. Lorsque les ressources financières sont limitées, l'acquisition et l'utilisation de technologies numériques peuvent définir un défi, ce qui peut tenir à l'écart une partie de la population de la dématérialisation et des nouvelles technologies offertes par le monde numérique.

La barrière linguistique ou culturelle peut également constituer un frein à l'utilisation de la dématérialisation pour certains individus. Ces facteurs peuvent entraver leur compréhension et leur engagement envers les nouvelles technologies numériques.

Partie 7 - METHODE D'INVESTIGATION QUALITATIVE

Dans le cadre de cette étude qualitative, qui s'ajoute en complément à notre enquête quantitative, nous avons entrepris trois entretiens semi-directifs. Cette approche a été choisie pour permettre à chaque acteur interrogé de s'exprimer librement et de partager des informations sur leur expérience et leurs points de vue. Les entretiens ont été menés auprès de trois directeurs occupant des profils et des responsabilités distinctes.

Le tableau ci-dessous reprend les profils des personnes interrogées :

Interviewés	Fonction	Employeur	Ancienneté dans la fonction
Interviewé 1	Directrice d'Ecole et Chargé de Mission de Formation à la Faculté d'Education de Montpellier	EDUCATION NATIONALE	20 ans
Interviewé 2	Directeur d'Activité	DOCAPOSTE	5 ans
Interviewé 3	Directrice des Affaires Institutionnelles et Réglementaires	DOCAPOSTE	12 ans

Chaque entretien a été minutieusement planifié et a duré en moyenne entre 45 et 60 minutes. Deux de ces entretiens ont eu lieu en face-à-face, favorisant une interaction plus personnelle, tandis qu'un autre a été réalisé à distance via l'application TEAMS afin de faciliter la participation du directeur.

Les questions principales adressées à chaque personne interrogée sont les suivantes :

- *« Comment percevez-vous la dématérialisation dans votre vie personnelle et/ou professionnelle ?*

- *Est-ce que vous la considérez comme une évolution bénéfique, fiable, sécurisée et favorable pour l'environnement ? Juridiquement bien régi ?*
- *Dans votre profession, comment est perçue la dématérialisation ? »*

En gardant constamment à l'esprit nos objectifs de collecte d'informations sur des thèmes spécifiques, nous avons adopté une écoute active tout au long des entretiens. Au début de chaque entretien, nous avons présenté clairement et succinctement le sujet de notre étude en expliquant les points essentiels que nous allions explorer. De plus, nous avons énoncé la consigne de départ, fournissant ainsi aux directeurs des indications sur les aspects spécifiques que nous souhaitions aborder lors de nos échanges.

4.7.1 Entretien avec une Directrice d'école et Formatrice à la faculté d'Éducation de Montpellier

Nous proposons ci-dessous un résumé de cet échange :

4.7.1.1 Comment percevez-vous la dématérialisation dans votre vie ?

Je pourrais la percevoir tel un tsunami provoqué par un déplacement rapide et continu de besoins à satisfaire et par la recrudescence de nouvelles technologies, une énorme vague générée par un volume conséquent de données à gérer et à stocker mais aussi par la nécessité d'aller encore plus vite... et peut être plus loin..., nécessité accélérée par la pandémie de 2020.

Je ne pense pas que nous puissions y résister et il me semble impératif de l'accepter, la comprendre et l'utiliser au mieux.

Néanmoins, de nombreuses questions subsistent. Quel impact sur notre environnement ? Comment associer l'ensemble de la population à ce nouveau processus ? Comment se protéger des cyberattaques ? Quelle assurance de protection des données ? Quelles compétences nécessaires pour son utilisation ? En cas de difficultés, à qui s'adresser ? .... L'ensemble de ces interrogations traduisent - malgré une forme certaine d'engouement - une crainte qui aujourd'hui, compte tenu d'un contexte anxiogène, est forte.
Je suis confrontée ainsi à une pensée paradoxale mêlant attentes et peurs...

4.7.1.2 Est-ce que vous la considérez comme une évolution bénéfique, fiable, sécurisée et favorable pour l'environnement ?

Je pense qu'elle peut être une évolution bénéfique pour les usagers : accéder à ses documents à tout moment et rapidement, simplifier les démarches administratives, éviter les déplacements, adhérer au télétravail, bénéficier de ressources de façon illimitée, gagner en savoir... De même, en ce qui concerne les entreprises, nous pourrions imaginer une réduction des coûts, une simplification des processus, un stockage opérationnel, voire un gain en productivité.

Est-elle une évolution fiable et sécurisée ? L'actualité ne me permet pas de répondre positivement à cette question. Je crains malheureusement que la sécurité des données ne soit pas aujourd'hui performante comme elle devrait l'être. Le risque de fraude tel que le piratage, les virus...est bien réel, sans parler du risque de perte due à une défaillance du matériel informatique ou d'une erreur humaine. Des progrès sont encore à fournir.

Quant à l'impact sur l'environnement, malgré une diminution significative semble-t-il du papier et de l'encre, l'utilisation de la dématérialisation entraîne une consommation électrique conséquente. Il importe alors d'agir sur une réduction des émissions de gaz à effet de serre dans le monde et donc sur le volume d'énergie utilisé. Une modification dans nos façons de travailler s'impose en parallèle d'autres gestes écoresponsables.

4.7.1.3 Dans votre profession, aussi bien en tant que directrice d'école que formatrice à la Faculté d'Éducation, comment est perçue la dématérialisation ?

Vous m'interrogez sur la dématérialisation au sein de l'Éducation Nationale. Depuis de nombreuses années déjà et plus particulièrement depuis janvier 2023, renforcer les compétences numériques des élèves et développer l'usage des outils numérique dans un souci de réussite des élèves constituent aujourd'hui un impératif. Il s'agit, le numérique prenant de plus en plus de place, de les préparer aux compétences et aux métiers d'avenir.

Si je reprends les textes institutionnels, ..., « La stratégie du numérique pour l'éducation pour la période 2023-2027 vise à relever plusieurs défis :

1. ***Renforcer la coopération nationale et locale entre les acteurs de l'éducation**, autour de projets pédagogiques mobilisant le numérique là où il est pertinent ;*

*2. **Développer les compétences numériques des élèves**, c'est-à-dire, d'abord, leur enseigner la citoyenneté numérique, en développant l'esprit critique et renforçant l'éducation aux médias et à l'information ; ensuite, leur transmettre un socle de compétences numériques renforcées ; enfin, promouvoir l'attractivité des spécialités et baccalauréats menant aux métiers du numérique ;*

*3. **Fournir aux professeurs une offre claire mêlant outils et ressources numériques** pour mettre davantage le numérique au service de la réussite des élèves ; encourager leur usage en proposant davantage de formations et d'accompagnement, afin que les enseignants puissent s'en saisir facilement et de manière la plus pertinente possible ;*

*4. **Développer la robustesse, la sécurité, l'accessibilité, la qualité et l'éco responsabilité des outils informatiques** du ministère, pour simplifier le travail des agents et accroître ainsi la qualité du service rendu. »*[24]

Sur le terrain, les obstacles sont encore nombreux : le manque de temps, la carence voire la défaillance et la maintenance des outils informatiques, le déficit de formation et d'accompagnement des équipes, la complexité des procédures...

Parallèlement, l'école est de mieux en mieux équipée : tableaux interactifs, vidéos projecteurs, communication via les ENT, livres remplacés par des manuels numériques....

Est-ce à dire que les élèves ont développé de nouvelles compétences ? Qu'ils sont mieux préparés ?

Certes, nous vivons dans un monde où le numérique est partout et oui, il serait nécessaire que les enfants puissent recevoir une véritable éducation numérique. Mais aujourd'hui, nous prônons davantage, semble-t-il,

[24] Stratégie du numérique pour l'éducation 2023-2027

l'éducation par le numérique que l'éducation au numérique pourtant nécessaire dans la construction de citoyens avisés.

Au niveau des équipes enseignantes, je ne sais pas comment est perçue la dématérialisation. Cela doit dépendre des individus et de leurs représentations. Mais également de leurs expériences, de leurs connaissances et de leurs intérêts. Si certains semblent impactés par la dématérialisation, d'autres en revanche ne semblent pas être concernés. Globalement, l'utilisation des outils numériques est liée à la tranche d'âge (moins l'âge est élevé, plus l'utilisation est importante) ainsi qu'à la formation reçue. Les équipes mériteraient une information en fonction des besoins, un suivi et un accompagnement personnalisé pour pouvoir notamment répondre aux attentes institutionnelles. Aujourd'hui, tant la formation initiale, que la formation continue, ne répondent pas à cette nécessité.

Par ailleurs, beaucoup d'entre eux ne sont pas suffisamment sensibilisés à la sécurité des données personnelles et communiquent encore via des réseaux de communication non protégés.

A la faculté d'Éducation, il semblerait que les formateurs comme les étudiants sont davantage conscients des enjeux de la dématérialisation. Exercices en ligne sur Moodle, exposés sur Powerpoint, MOOC comme supports aux cours, orientation sur des plateformes, et sensibilisation à la sécurité des données sont monnaie courante.

Une réflexion sur la dématérialisation des diplômes est avancée : il importe aujourd'hui pour les universités européennes de mettre en œuvre une traçabilité des diplômes, ce qui pose la question de l'évaluation et de l'authentification des diplômes, et de valoriser l'acquisition de nouvelles compétences tout au long de la vie. De plus, les nouveaux usages numériques ayant intensifié les formations à distance, les trajectoires d'étudiants qui se formeraient eux-mêmes avec des cours en ligne ne sont pas à négliger. Pour ce faire, une harmonisation des pratiques nationales et européennes devra être étudiée. La dématérialisation s'inscrirait alors dans une logique qui participerait à la simplification des relations avec les usagers.

L'interview de cette participante aborde de manière réfléchie et nuancée la question de la dématérialisation dans sa vie, ses avantages potentiels ainsi que les défis et les préoccupations qui y sont associés. Elle fait preuve d'une compréhension approfondie des enjeux liés à cette transition numérique.

Tout d'abord, elle utilise une métaphore intéressante pour décrire la dématérialisation comme un "tsunami", soulignant son impact massif et rapide sur nos besoins et habitudes quotidiennes. Elle reconnaît la nécessité d'accepter cette transformation et de l'utiliser de manière optimale, malgré les craintes et les interrogations qui l'accompagnent.

En ce qui concerne les avantages de la dématérialisation, elle évoque clairement les bénéfices potentiels pour les individus et les entreprises, notamment en matière d'accessibilité, de gain de temps, de simplification des processus et de ressources illimitées. Cependant, elle ne manque pas de souligner les défis majeurs auxquels nous sommes confrontés en matière de sécurité des données. Elle exprime des inquiétudes quant à la fiabilité et à la protection des informations, compte tenu des risques de cyberattaques, de piratage et de perte de données.

Un autre point important abordé dans l'interview est l'impact environnemental de la dématérialisation. Bien qu'elle permette une réduction significative de l'utilisation du papier et de l'encre, elle souligne également la consommation énergétique accrue liée à la numérisation des processus. Elle appelle à des gestes écoresponsables et à des actions pour réduire les émissions de gaz à effet de serre associées à cette transition.

En tant que directrice d'école et formatrice à la Faculté d'Éducation, elle donne un aperçu intéressant de la perception de la dématérialisation dans le domaine de l'éducation. Elle met en avant les efforts pour renforcer les compétences numériques des élèves, soulignant l'importance de l'éducation au numérique plutôt que seulement par le numérique. Elle évoque également les obstacles et les défis auxquels les équipes enseignantes sont confrontées dans l'adoption des outils numériques, notamment le manque de temps, de formation et d'accompagnement personnalisé.

Enfin, elle aborde la réflexion enclenchée sur la dématérialisation des diplômes à la Faculté d'Éducation, soulignant la prise de conscience accrue des enjeux par les formateurs et les étudiants. Elle explore également les possibilités d'harmonisation des pratiques nationales et européennes pour faciliter les relations avec les usagers.

Dans l'ensemble, cette interview offre une perspective équilibrée sur la dématérialisation, soulignant à la fois les avantages potentiels et les défis qui doivent être relevés pour en tirer le meilleur parti tout en protégeant nos données et en préservant l'environnement. Son approche réfléchie et ses questionnements pertinents font de cette interview une contribution précieuse à la discussion sur la numérisation croissante de notre société.

4.7.2 Entretien avec un Directeur d'Activité de la société DOCAPOSTE

Nous proposons ci-dessous un résumé de cet échange :

4.7.2.1 Comment percevez-vous la dématérialisation dans votre vie ?

Pour ma part, je ressens plutôt une expérience positive en ce qui concerne la dématérialisation des processus. Cela va dans le sens de l'évolution, notamment dans le domaine administratif, où de plus en plus de démarches peuvent être effectuées en ligne sans avoir à se déplacer en mairie ou à remplir des formulaires physiques. Cela accélère grandement les procédures et facilite la saisie des informations. Cette transformation touche tous les domaines et secteurs d'activité, et je trouve que c'est une avancée lucrative. Pour les aspects juridiques, comme les listes d'écart, il est désormais possible de les signer en ligne de manière sécurisée avec un simple code sur téléphone.

La dématérialisation a également un impact sur ma vie quotidienne. Beaucoup de choses se font maintenant en ligne, que ce soit dans le cadre personnel ou professionnel. On ne peut pas vraiment échapper à cette évolution. Même dans les lieux publics, les caméras de surveillance sont omniprésentes, et nos activités sur Internet laissent des traces. Nous devons faire face à une perte d'anonymat et être conscients que nos données sont omniprésentes sur la toile. Cependant, cela offre également de nombreux avantages en termes de facilité d'accès à l'information et de rapidité des échanges.

4.7.2.2 Est-ce vous la considérez comme une évolution bénéfique, fiable, sécurisée et favorable pour l'environnement ?

Je ne sais pas exactement comment les données sont étendues et qui y ont accès, mais je suis conscient que mes informations personnelles, telles que ma date de naissance et mon e-mail, ont été fournies à différentes entreprises avec lesquelles j'ai souscrit à des services. Il y a toujours une certaine incertitude quant à savoir si ces données sont sécurisées et si elles peuvent être piratées et exploitées à notre insu. Le respect des réglementations, comme le RGPD, est essentiel, mais nous ne savons pas toujours si nos informations sont protégées.

La dématérialisation réduit la consommation de papier, ce qui est positif pour l'environnement. Cependant, il est important de noter que les centres de données, qui stockent toutes ces données numériques, peuvent également avoir un impact négatif sur l'environnement, notamment en termes de consommation d'énergie et de déchets électroniques. Il y a donc des avantages et des inconvénients à considérer. D'un côté, nous économisons des arbres en évitant d'utiliser trop de papier, mais d'un autre côté, la gestion des centres de données doit être écologiquement responsable pour minimiser leur empreinte carbone.

4.7.2.3 Dans votre profession, comment est perçue la dématérialisation ?

La dématérialisation est perçue comme un véritable atout pour la gestion des équipes dans mon domaine d'activité. En favorisant le télétravail et en permettant un accès distant à de nombreuses informations et processus, elle améliore grandement la flexibilité et l'efficacité de nos opérations. Par exemple, grâce aux Échanges de Données Informatisés (EDI), nous pouvons accéder aux données et analyser les informations, que ce soit en présence physique ou à distance. Cela nous offre une réactivité accrue et une accessibilité sans précédent aux données clés. De plus, la dématérialisation facilite la communication entre les membres de l'équipe, même s'ils ne se trouvent pas dans le même lieu physique.

Cependant, nous devons également faire face à certaines contraintes réglementaires, telles que le Règlement Général sur la Protection des Données (RGPD), qui sont nécessaires pour protéger nos données personnelles.

Bien que ces réglementations soient importantes, il peut parfois être difficile de savoir exactement comment nos données sont utilisées, surtout lorsque nous les partageons avec des entreprises externes.

De même, certains outils internes peuvent susciter des inquiétudes quant à l'utilisation et à la conservation de nos données. C'est pourquoi il est essentiel que les entreprises respectent scrupuleusement les réglementations en vigueur et s'assurent que les informations des utilisateurs sont traitées de manière sécurisée et transparente.

Cette discussion aborde de manière approfondie et réfléchie la perception de la dématérialisation dans la vie quotidienne, ses avantages et ses inconvénients, ainsi que son impact dans le domaine professionnel.

Dans la première partie de la discussion, l'interlocuteur exprime une expérience globalement positive de la dématérialisation dans sa vie quotidienne. Il met en avant les nombreux avantages que cette évolution numérique apporte, notamment dans le domaine administratif, en simplifiant les démarches et en accélérant les procédures. Il reconnait également que la dématérialisation a un impact sur la vie privée en réduisant l'anonymat, mais il souligne que cette transformation est inévitable et présente également des avantages en termes d'accessibilité à l'information et de rapidité des échanges.

Dans la deuxième partie, il exprime des inquiétudes concernant la fiabilité et la sécurité des données dans le contexte de la dématérialisation et souligne le fait que certaines de ses informations personnelles ont été fournies à des entreprises pour bénéficier de services, mais il n'est pas sûr de savoir comment ces données sont utilisées et qui y a accès.

Il considère que le respect des réglementations, comme le RGPD, est essentiel pour protéger les données, mais il reste conscient des incertitudes qui subsistent.

Concernant l'impact environnemental, l'interlocuteur reconnaît que la dématérialisation contribue à réduire la consommation de papier, ce qui est positif pour l'environnement.

Cependant, il met en évidence le fait que les centres de données, qui stockent les données numériques, peuvent avoir un impact négatif sur l'environnement en termes de consommation d'énergie et de production de déchets électroniques. Il met ainsi en évidence l'importance de gérer ces centres de données de manière écologiquement responsable pour minimiser leur empreinte carbone.

Dans la troisième partie de la discussion, il partage son expérience professionnelle en tant que directeur d'Activité, où il perçoit la dématérialisation comme un véritable atout. Il souligne les avantages du télétravail et de l'accès distant aux informations et processus, qui améliorent la flexibilité et l'efficacité des opérations.

Il rappelle de nouveau que cette transition numérique implique également des défis, notamment liés à la réglementation sur la protection des données. Il insiste sur la nécessité pour les entreprises de se conformer aux réglementations en vigueur et de garantir la sécurité et la transparence dans le traitement des données des utilisateurs.

Dans l'ensemble, cette discussion aborde les avantages et les inquiétudes qui l'accompagnent. Elle fait ressortir l'importance de trouver un équilibre entre les avantages pratiques de cette évolution numérique et la protection des données personnelles, tout en veillant à minimiser l'impact environnemental lié à la gestion des données numériques.

4.7.3 Entretien avec la Directrice des Affaires Institutionnelles et Règlementaires de la société DOCAPOSTE

4.7.3.1 Comment percevez-vous la dématérialisation dans votre vie ?

Pour moi, la dématérialisation était déjà présente avant mais avec des moyens matériels différents comme par exemple envoyer une lettre par la poste ou encore écrire un rapport à la machine à écrire. Aujourd'hui, je dispose d'un dispositif numérique pour le faire. Ainsi, la dématérialisation signifie passer d'une utilisation d'outils matériels physiques à des dispositifs numériques. Elle touche également des processus qui n'existaient pas. Je fais partie de la génération qui a connu les deux mondes, l'ancien avec des moyens matériels tels que le courrier postal, la machine à écrire, etc., et le nouveau avec des outils numériques qui permettent une productivité énorme et des fonctionnalités inaccessibles auparavant.

Sur le plan personnel, la dématérialisation offre des possibilités incroyables, mais tout le monde ne sait pas les exploiter. Il y a donc un manque d'apprentissage qui peut être préjudiciable, car de nombreux utilisateurs n'ont pas été formés et ne comprennent pas toujours comment utiliser ces technologies de manière optimale.

Quant au plan professionnel, la dématérialisation est un outil de productivité « énorme ». Je peux travailler rapidement, travailler à distance et faire beaucoup de choses simultanément. La dématérialisation me permet de disposer de fonctionnalités que je n'avais pas avant, et d'accéder à des outils sans nécessairement avoir des compétences spécifiques. Je peux également travailler comme je le souhaite, tous les jours, avec des individus des quatre coins du monde. La dématérialisation est une puissance d'outils de travail qui me permet d'aller plus loin, plus vite plus fort.

La création de nouveaux processus numériques a permis de démocratiser l'accès à l'information entraînant une diminution de la fracture numérique éducative. En revanche, la fracture numérique technologique persiste : certaines personnes n'ont pas été formées à l'utilisation des outils numériques et se retrouvent alors désavantagées dans un monde de plus en plus numérique.

4.7.3.2 Est-ce que vous la considérez comme une évolution bénéfique, fiable, sécurisée et favorable pour l'environnement ?

Pour moi, l'impact environnemental positif tel qu'avancé par un certain nombre est trompeur et dire que le numérique est naturellement au service de l'environnement est faux et commercial. Si le numérique a permis une démocratisation de l'accès à l'information, il y a deux aspects à considérer. Certes, la dématérialisation permet de réduire l'utilisation du papier et d'autres ressources physiques, ce qui est positif. Mais d'un autre côté, le numérique a également un impact écologique notable notamment en termes de consommation d'énergie et de ressources pour le stockage des données.

Il est essentiel de prendre en compte ces facteurs et de travailler sur des solutions pour réduire cet impact. Les capacités de calcul et les outils que nous possédons peuvent être utilisés pour agir en faveur de l'environnement comme par exemple dans le Smart Farming qui est une technologie de « gestion d'exploitation intelligente » permettant de préserver l'environnement tout en optimisant l'agriculture.

En matière de sécurité, les services numériques sont complexes à mettre en place et demandent des compétences techniques spécifiques. Il est difficile aujourd'hui de mesurer la cyber sécurité des outils que nous utilisons. Les utilisateurs ne comprennent pas toujours cette complexité. Ils se retrouvent dépendants des outils numériques et des fournisseurs de service pour garantir leur sécurité, sans avoir les moyens de vérifier leur efficacité ou leur protection. Cela crée une vulnérabilité face aux cyber menaces, et il est nécessaire que la société mette en place des réglementations pour assurer la sécurité des utilisateurs et de leurs données personnelles.

4.7.3.3 Dans votre profession, comment est perçue la dématérialisation ?

Sur le plan professionnel, la dématérialisation a été très positive pour moi. Elle me permet de travailler rapidement, de réaliser des tâches multiples en même temps et de réaliser à distance avec des personnes du monde entier. Cela m'a également donné accès à des outils qui me permettent de réaliser des tâches basiques sans compétences spécifiques, ce qui était auparavant impossible.

En termes de gestion, pour les tâches administratives, la dématérialisation facilite les choses. La gestion des congés, des salaires, etc., devient plus pratique et efficace. Il s'agit d'une simple transposition d'un monde physique à un monde numérique. Cependant, au niveau du management humain et la gestion des compétences, je ne vois pas d'apport majeur. Les outils numériques n'apportent pas de changements significatifs.

Cependant, il y a aussi des aspects négatifs que j'ai pu observer. La maîtrise technologique n'est pas là même chez tous mes collaborateurs. Certains d'entre eux ne sont pas à l'aise avec des outils basiques comme Teams ou Outlook, ce qui crée une fracture numérique dans l'entreprise. Cette fracture n'est pas seulement une question d'âge, car même les jeunes qui n'ont pas été suffisamment formés dans leur cursus peuvent rencontrer des difficultés. Nous possédons des outils surpuissants qui ne sont pas exploités comme il faudrait : tout le monde malheureusement ne les maîtrise pas. Il est donc essentiel de proposer des formations pour que tous les collaborateurs puissent utiliser efficacement ces outils.

Cette interview offre un aperçu de la perception de la dématérialisation dans la vie du répondant en mettant en évidence les avantages et les inconvénients perçus.

Dans la première partie de l'entretien, le répondant exprime comment il a vécu la transition de l'utilisation d'outils matériels physiques à des dispositifs numériques. Il fait part de son expérience de la génération ayant connu les deux mondes, et comment la dématérialisation a apporté des fonctionnalités plus avancées et une productivité accrue.

Sur le plan personnel, il constate que la dématérialisation offre des possibilités incroyables, mais qu'un manque d'apprentissage peut être préjudiciable, car certains utilisateurs ne maîtrisent pas pleinement ces technologies. Concernant le plan professionnel, il est enthousiaste quant aux avantages considérables de la dématérialisation, notamment en termes de productivité et de collaborations internationales facilitées.

Lorsque la discussion porte sur l'impact environnemental, le répondant adopte une approche nuancée. Il reconnaît que la dématérialisation a permis de réduire l'utilisation du papier et d'autres ressources physiques, mais renforce également l'impact écologique lié à la consommation d'énergie et de ressources pour le stockage des données. Il plaide en faveur de l'utilisation des capacités de calcul et des outils pour agir en faveur de l'environnement, comme dans le cas du Smart Farming.

Concernant la sécurité, le répondant est conscient des défis complexes associés aux services numériques. Il souligne le manque de compréhension des utilisateurs quant à la cyber-sécurité, ce qui les rend dépendants des fournisseurs de services pour assurer leur protection. Il appelle à la mise en place de réglementations pour garantir la sécurité des utilisateurs et de leurs données personnelles.

En ce qui concerne la perception de la dématérialisation dans sa profession, le répondant exprime principalement des points positifs, notamment en termes de rapidité, de multiplicité des tâches réalisables, et des collaborations à distance facilitées.

Cependant, il relève également des problèmes liés à la maîtrise technologique inégale de ses collaborateurs, ce qui entraîne une fracture numérique dans l'entreprise. Il accentue l'importance de proposer des formations pour permettre à tous les collaborateurs d'utiliser efficacement les outils numériques.

En conclusion, cet échange révèle les opportunités et les défis liés à cette évolution numérique, tout en soulignant l'importance de l'éducation et de la formation pour une utilisation optimale et responsable des outils numériques. Il montre également la nécessité de rechercher des approches plus durables pour réduire l'impact environnemental du numérique.

CHAPITRE 5 - CONCLUSION-RECOMMANDATIONS

Cette étude se focalise sur la problématique majeure de la dématérialisation des processus, une réalité de plus en plus marquante de notre société. Nous cherchons à comprendre comment faire face aux différents enjeux sociaux qui découlent de ce phénomène.

Dans un premier temps, nous avons tenté de définir clairement ce que représente la dématérialisation. Puis, nous avons entrepris une recherche approfondie sur ses multiples impacts : sociaux, économiques, environnementaux, juridiques et sécuritaires. En réponse à ces enjeux, nous avons formulé diverses pistes de solutions.

Pour rappel, nos hypothèses se sont articulées autour des points suivants :

- Malgré son intégration croissante dans la vie quotidienne des individus, nous ignorons encore dans quelle mesure ils en sont conscients ;
- L'introduction d'une formation numérique dès l'école pourrait atténuer l'exclusion d'une partie de la population. De plus, un accompagnement et un suivi personnalisés faciliteraient la transition vers la dématérialisation et favoriseraient son acceptation ;
- La sensibilisation et l'accompagnement des entreprises dans la mise en œuvre de procédures conformes au RGPD devraient garantir la sécurité des données ;
- L'émergence de solutions innovantes pourrait répondre aux défis environnementaux liés à la dématérialisation.

Afin de tester ces hypothèses, nous avons confronté les discours issus de notre revue de littérature à la réalité du terrain. Cette démarche nous a amenés à utiliser deux méthodes d'investigation complémentaires : qualitative et quantitative. Cette approche, souvent désignée sous le nom de méthode de recherche mixte ou intégrative, nous a permis d'évaluer et de quantifier les relations entre les différentes variables, d'identifier les convergences, les divergences et les complémentarités entre les résultats obtenus.

5.7.1 Conclusions

Grâce à cette approche holistique, nous avons pu obtenir une vue d'ensemble plus complète des enjeux liés à la dématérialisation et élaborer des conclusions solides et éclairées.

L'analyse de cette enquête révèle des données intéressantes quant à la répartition socio-professionnelle et par tranche d'âge des répondants, éclairant ainsi la problématique de la dématérialisation des processus et ses implications sur la société.

Plus de la moitié des participants appartiennent à la catégorie des « *cadres* » et « *professions intellectuelles* », ce qui suggère une possible corrélation entre cette classe socio-professionnelle et l'aptitude à utiliser les outils de dématérialisation *(Cf Annexe 2)*. Les entretiens menés approfondissent cette conclusion en explorant de manière réfléchie et nuancée les opportunités et les défis que cette évolution présente dans différents contextes professionnels de cette catégorie socio-professionnelle.

Les résultats indiquent également que la majorité des personnes interrogées connaissent ou ont déjà entendu parler de la dématérialisation et se montrent globalement favorables à son adoption. Toutefois, une minorité, principalement constituée de « *retraités* » et de personnes « *sans activité professionnelle* », ne sont pas conscients de son impact dans leur quotidien.

Il est clair cependant que la dématérialisation a un impact significatif sur la vie quotidienne d'une grande partie des répondants, tant sur le plan professionnel que personnel. Les entretiens mettent en évidence une variété d'opinions, allant de l'enthousiasme à la crainte, mettant en avant un impact rapide et massif, ou une expérience positive, et soulignent l'importance de sensibiliser davantage sur les répercussions de la dématérialisation.

La fréquence des interactions avec la dématérialisation dans la vie quotidienne varie considérablement, mais la plupart des participants ont des interactions régulières, notamment dans les domaines de la messagerie électronique, des services bancaires en ligne et des achats en ligne. Certains n'en ont pas conscience. Si un certain intérêt pour la dématérialisation est constaté avec une majorité relative de participants favorables à cette évolution, nous notons une importante proportion d'avis neutres.

Les avantages de la dématérialisation se manifestent principalement par sa rapidité, sa traçabilité, ses économies et l'autonomie qu'elle offre. Les interviews exposent clairement ces aspects, notamment en matière d'efficacité, de flexibilité et de collaborations facilités.

Toutefois, les inconvénients majeurs comprennent les préoccupations relatives à la sécurité, la fracture sociale, l'isolement, et la dépendance à l'égard des infrastructures numériques.

En ce qui concerne la sécurité des données personnelles, une majorité des participants estime qu'elle n'est pas suffisante. Les scandales liés à la protection des données ont accru la méfiance envers les organisations, renforçant ainsi l'importance d'une meilleure sécurité et transparence dans la gestion des informations personnelles.

Quelle que soit la personne interrogée, le défi de sécurité des données est soulevé. Il s'agit alors de mieux informer l'usager, de lui donner les moyens de vérifier la protection de ses données mais également et principalement de mettre en place et de faire respecter des règlementations davantage rigoureuses …voire peut être draconiennes ?

Pour maximiser les avantages de la dématérialisation et atténuer les inconvénients, et ce de façon à soutenir la croissance exponentielle de la dématérialisation, il est essentiel de mettre en place un accompagnement personnalisé et un suivi étroit, en particulier pour les personnes moins familières avec les technologies numériques. L'acceptation de cette transformation passe par là.

Malgré une majorité relative de participants favorable à cette évolution, il apparaît que la connaissance sur l'impact environnemental de la dématérialisation reste limitée. Parallèlement, les personnes interrogées abordent cet aspect en mettant en avant la nécessité d'une prise de conscience d'une consommation accrue d'énergie associée à la numération des processus. Mettre en place des pratiques écoresponsables et promouvoir une utilisation plus durable des ressources numériques au sein des entreprises devient un facteur incontournable pour les managers.

Enfin, malgré les efforts déployés pour soutenir la dématérialisation et l'inclusion numérique, une proportion importante de participants estime ne pas être suffisamment informée et accompagnée dans ce processus. Il reste donc des défis à relever pour garantir un accès équitable aux outils numériques et favoriser l'acceptation de la dématérialisation. Les entretiens mettent également en évidence le rôle clé des managers dans la sensibilisation et la formation des équipes pour une utilisation responsable et optimale des outils numériques. En tenant compte de ces différentes dimensions, les managers pourront mieux anticiper et gérer les implications de la dématérialisation dans leur environnement professionnel, en veillant à maximiser les opportunités tout en atténuant les risques potentiels.

En somme, cette enquête met en évidence l'importance d'une sensibilisation accrue, d'une meilleure formation et d'un accompagnement adapté pour favoriser une transition réussie vers la dématérialisation et garantir une utilisation sécurisée et responsable des technologies numériques. Il est essentiel que les individus soient informés et conscients des enjeux liés à la dématérialisation afin de prendre des décisions éclairées dans leur utilisation quotidienne des services numériques. Ces conclusions offrent des pistes pour une gestion plus éclairée de la dématérialisation dans notre société en évolution constante.

5.7.2 Préconisations

A la lumière des conclusions de l'enquête sur la dématérialisation des processus et ses implications sur la société, voici quelques préconisations qu'il nous semble à prendre en considération :

- **Sensibilisation et formation** : il est primordial d'accroître la sensibilisation autour de la dématérialisation et ses conséquences. Des efforts de communication ciblés doivent être déployés pour informer le public sur les avantages et les défis liés à cette évolution technologique.

- **Accompagnement personnalisé** : Pour favoriser une transition réussie vers la dématérialisation, des programmes de formation adaptés aux différents niveaux de compétence numérique doivent être mis en place. Cela peut inclure des conseils sur la sécurité des données, l'utilisation durable des ressources numériques et la gestion efficace des processus dématérialisés. Ce soutien permettra particulièrement d'aider ceux qui sont moins familiers avec les technologies numériques à utiliser de manière responsable les outils dématérialisés.

- **Renforcement de la sécurité des données** : La protection des données personnelles est une préoccupation majeure pour les utilisateurs. Elle est légitime et doit être traitée de façon rigoureuse. Il est donc crucial d'investir dans des mesures de sécurité renforcées, robustes et transparentes pour renforcer la confiance des utilisateurs dans l'utilisation des services dématérialisés et protéger leurs informations personnelles.

- **Promotion d'une approche écoresponsable** : Les effets environnementaux de la dématérialisation doivent être mieux compris et pris en compte. Les entreprises doivent être encouragées à adopter des pratiques écoresponsables dans leur utilisation des technologies numériques.

- **Inclusion numérique** : Pour éviter toute exclusion et assurer une transition réussie vers la dématérialisation, il est essentiel de garantir un accès équitable aux outils numériques. Il est clair que tous les segments de la population doivent avoir accès aux outils numériques nécessaires à la dématérialisation. Les initiatives visant à combler le fossé numérique et à rendre la dématérialisation accessible à tous nécessitent d'être soutenues.

- **Responsabilité des managers** : Les responsables d'entreprise jouent un rôle clé dans la mise en œuvre réussie de la dématérialisation. Il importe qu'ils soient sensibilisés aux enjeux et bien formés pour encourager une utilisation responsable et optimale des outils numériques au sein de leurs équipes.

- **Réglementations adaptées** : Des réglementations plus rigoureuses pour la protection des données et la gestion des processus dématérialisés peuvent être envisagées pour garantir une utilisation sûre et responsable des technologies numériques.

- **Évaluation continue** : La dématérialisation étant un processus en constante évolution, des évaluations régulières doivent être menées pour comprendre les implications, suivre les impacts des mesures mises en place, et ajuster les stratégies en conséquence.

En mettant en œuvre ces préconisations, la société peut mieux tirer parti des avantages de la dématérialisation tout en atténuant les risques et les inconvénients associés à cette évolution technologique. Cela permettra de créer un environnement numérique plus sûr, inclusif et responsable pour tous les utilisateurs. Nous espérons que nos découvertes et nos recommandations contribueront à une meilleure compréhension de la dématérialisation et faciliteront la mise en place de mesures adaptées pour faire face à ses défis sociaux.

CHAPITRE 6 - ANNEXES

Annexe 1 : Questionnaire

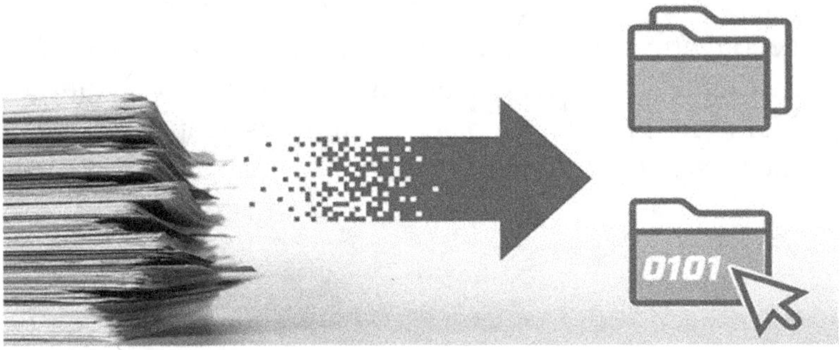

La Dématérialisation

QUESTIONNAIRE POUR MEMOIRE DE RECHERCHE
OLIVIER PRADON

1 **Quelle est votre catégorie socio-professionnelle ?**

Agriculteurs exploitants

Artisans, commerçants et chefs d'entreprises

Cadres et professions intellectuelles supérieures

Professions intermédiaires

Employés

Ouvriers

Retraités

Autres personnes sans activité professionnelle

2 **Dans quelle catégorie d'âge êtes-vous ?** *

15 - 24 ans

25 - 39 ans

40 - 64 ans

65 ans et plus

La dématérialisation des processus : une réalité de plus en plus prégnante
Comment faire face aux différents enjeux sociétaux ?

3 **Savez-vous ce qu'est la dématérialisation ?**

Oui
Non

4 Êtes-vous pour ou contre la dématérialisation ?

1	2	3	4	5	6	7	8	9	10

Tout à fait contre — Tout à fait pour

5 Quel(s) mot(s) selon vous définirait au mieux la dématérialisation ? (4 mots maximum)

Sélectionnez au plus 4 options.

Numérisation
Données
Informatisation
Archivage électronique
Facture électronique
Internet
Ordinateur
Immatériel
Média (vidéo, photo, musique, livre ...)
Développement durable
Productivité
Stockage
Investissement

6 Pensez-vous que la dématérialisation a un impact sur votre quotidien ?

Oui
Non

7 Dans quel contexte pensez-vous être le plus impacté par la dématérialisation ?

De manière professionnelle
De manière personnelle
Les deux
Aucun des deux

8 Quel(s) seraient selon vous les avantages de la dématérialisation ? (4 mots maximum)

Sélectionnez au plus 4 options.

Facilité
Rapidité
Sécurité
Démarche simplifiée
Suppression des déplacements
Confidentialité
Développement durable
Autonomie
Traçabilité
Pérennité
Disponibilité
Économique

9 **Quel(s) seraient selon vous les inconvénients de la dématérialisation ? (4 mots maximum)**

Sélectionnez au plus 4 options.

Fracture sociale
Isolement
Confidentialité
Écologique
Sécurité
Intégrité
Disponibilité
Pérennité
Traçabilité
Complexité
Équipement
Investissement
Dépendance

10 **Quel impact sur l'environnement produirait selon vous la dématérialisation ?**

1	2	3	4	5	6	7	8	9	10

Très mauvais — Excellent

11 **Combien de fois par jour pensez-vous avoir à faire à la dématérialisation ?**

Jamais
1 à 5 fois
6 à 10 fois
Plus de 10 fois

12 **Avez-vous déjà entendu parler du RGPD ?**

Oui
Non

13 **Avez-vous déjà entendu parler de EIDAS ?**

Oui
Non

14 **Avez-vous déjà entendu parler de DSA/DMA ?**

Oui
Non

15 **Pensez-vous que vos données personnelles sont assez sécurisées ?**

Oui
Non

16 **Êtes-vous suffisamment informés et accompagnés dans la dématérialisation de vos documents ?**

Oui
Non

17 **Pensez-vous avoir pris conscience de l'impact de la dématérialisation dans votre quotidien ?**

Oui
Non

Annexe 2 : Tableau récapitulatif des réponses au questionnaire réparties en deux catégories socio-professionnelles « *cadres* » et « *non cadres* »

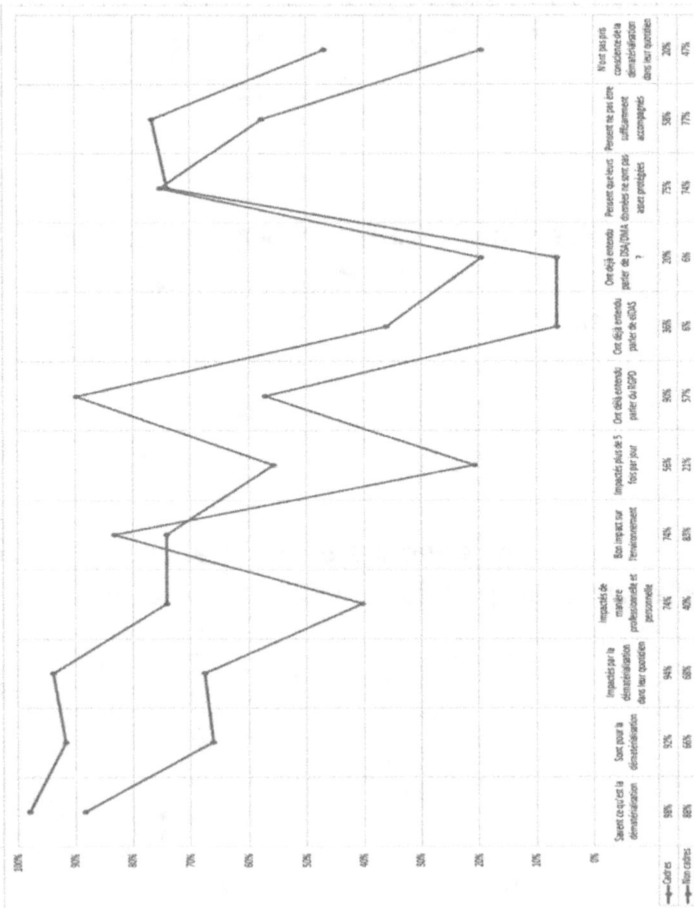

CHAPITRE 7 - BIBLIOGRAPHIE

Monographies

RIETSCH, Jean-Marc, CHABIN, Marie-Anne, CAPRIOLI, Éric. *Dématérialisation et Archivage Électronique.* Paris : Dunod, 2006. 295p.

RIETSCH, Jean-Marc, MORAND-KHALIFA, Nathalie, PASCON, Jean-Louis, BARBRY, Éric. *Mise en œuvre de la dématérialisation.* Paris : Dunod, 2010. 208p.

MOUTON, Dimitri. *Sécurité de la dématérialisation : De la signature électronique au coffre-fort numérique, une démarche de mise en œuvre.* Paris : Éditions Eyroles, 2012. 326p.

RUFFIN BOUYA, Eugène, NDUKUMA ADJAYI, Kodjo. *Dématérialisation et gouvernance électronique.* Paris : Éditions Harmattan, 2020. 132p.

RAIMONDO, Laurane. *La protection des données personnelles.* Paris : Éditions Ellipses,2021. 329p.

Périodiques (revues et rapports)

REMIZE, Michel. Dématérialisation et pérennité de l'information. *Archimag Guide pratique.* Paris, 2016, numéro 55.

Cabinet CAPRIOLI & Associés, sous la direction de la FNTC. Guide Normes et Labels de la dématérialisation. *Guides de la confiance.* Paris, 2013. 31p.

DEFENSEUR DES DROITS. Rapport Dématérialisation des services publics. *Trois ans après, où en est-on ?* Paris, 2022

Travaux universitaires

AUDINOT, Alexandre, GAUGRY, Thierry, HURMAN, Nicolas, PREVOSTO, Gabriel. *La dématérialisation, quels enjeux pour le monde demain ?* Mémoire Informatique, projet sciences Humaines. INSA de Rennes, 2014, 45p.

AUGEREAU, Olivier. *Reconnaissance et Classification d'images de documents.* Thèse Mathématique et informatique. Université BORDEAUX 1, 2013, 126p.

JULIAN, Ophélie. *La mise en place de la dématérialisation des dossiers de personnel des établissements de France.* Mémoire Information et Communication. Université TOULOUSE Jean Jaurès, 2016, 66p.

COHEN, Véronique. *La spécificité des contrats liés aux technologies issues du numérique. Quelles singularités ces contrats présentent-ils, comparés à ceux du monde analogique ?* Thèse Droit Privé et Sciences Politiques. Université PARIS 2 PANTHEON ASSAS, 2011, 884p.

CAQUE, Simon. *Le régime juridique des données publiques numériques.* Thèse Droit public et Sciences Politiques. Université de RENNES 1, 2020, 445p.

DESAUBRY, Ludovic. *La dématérialisation des dossiers documentaires : les enjeux et les techniques.* Mémoire Ingénierie Documentaire. Conservatoire National des Arts et Métiers, 2009, 218p.

Articles de périodiques

XXXXX. La dématérialisation provoque des ruptures de droits. *Centre Presse.* 2022

ZANON, Olivier. Dématérialiser ses données : quels sont les risques ? *Journal du net.* 2011.

FERNANDEZ RODRIGUEZ, Laura. Quels impacts de la dématérialisation sur les droits des usagers ? *La Gazette des communes.* 2021.

DESCHANEL, Cécile. La crise sanitaire, facteur d'accélération de la transformation numérique des entreprises. *Lextenso, actu-juridique.* 2021.

Lois, ordonnances, règlements et décrets

Loi n°2000-230 du 13 mars 2000 portant adaptation du droit de la preuve aux technologies de l'information et relative à la signature électronique. Site https://www.legifrance.gouv.fr/

Règlement « eIDAS » n°910/2014 du 23 juillet 2014 établissant un socle commun pour les interactions électroniques sécurisées entre les citoyens, les entreprises et les autorités publiques. Site https://www.ssi.gouv.fr/entreprise/

Loi n° 2015-990 du 6 août 2015 pour la croissance, l'activité et l'égalité des chances économiques, article 222. Site https://www.legifrance.gouv.fr/

Ordonnance n°2017-1433 du 4 octobre 2017 relative à la dématérialisation des relations contractuelles dans le secteur financier

Loi n°2016-1088 du 8 août 2016 relative au travail, à la modernisation du dialogue social et à la sécurisation des parcours professionnels, article 54. Site https://www.legifrance.gouv.fr/

Décret n° 2016-1762 du 16 décembre 2016 relatif à la dématérialisation des bulletins de paie et à leur accessibilité dans le cadre du compte personnel d'activité. Site https://www.legifrance.gouv.fr/

Décret n°2017-1416 du 28 septembre 2017 Relatif à la signature électronique. Site https://www.legifrance.gouv.fr/

Généralisation de la facturation électronique : le calendrier de la réforme confirmé. Site https://www.economie.gouv.fr/generalisation-facturation-electronique-calendrier-reforme#

Structures éditoriales du groupe L'Harmattan

L'Harmattan Italie
Via degli Artisti, 15
10124 Torino
harmattan.italia@gmail.com

L'Harmattan Hongrie
Kossuth l. u. 14-16.
1053 Budapest
harmattan@harmattan.hu

L'Harmattan Sénégal
10 VDN en face Mermoz
BP 45034 Dakar-Fann
senharmattan@gmail.com

L'Harmattan Cameroun
TSINGA/FECAFOOT
BP 11486 Yaoundé
inkoukam@gmail.com

L'Harmattan Burkina Faso
Achille Somé – tengnule@hotmail.fr

L'Harmattan Guinée
Almamya, rue KA 028 OKB Agency
BP 3470 Conakry
harmattanguinee@yahoo.fr

L'Harmattan RDC
185, avenue Nyangwe
Commune de Lingwala – Kinshasa
matangilamusadila@yahoo.fr

L'Harmattan Congo
219, avenue Nelson Mandela
BP 2874 Brazzaville
harmattan.congo@yahoo.fr

L'Harmattan Mali
ACI 2000 - Immeuble Mgr Jean Marie Cisse
Bureau 10
BP 145 Bamako-Mali
mali@harmattan.fr

L'Harmattan Togo
Djidjole – Lomé
Maison Amela
face EPP BATOME
ddamela@aol.com

L'Harmattan Côte d'Ivoire
Résidence Karl – Cité des Arts
Abidjan-Cocody
03 BP 1588 Abidjan
espace_harmattan.ci@hotmail.fr

Nos librairies en France

Librairie internationale
16, rue des Écoles
75005 Paris
librairie.internationale@harmattan.fr
01 40 46 79 11
www.librairieharmattan.com

Librairie des savoirs
21, rue des Écoles
75005 Paris
librairie.sh@harmattan.fr
01 46 34 13 71
www.librairieharmattansh.com

Librairie Le Lucernaire
53, rue Notre-Dame-des-Champs
75006 Paris
librairie@lucernaire.fr
01 42 22 67 13

www.ingramcontent.com/pod-product-compliance
Lightning Source LLC
LaVergne TN
LVHW021227061026
849535LV00008B/2951
* 9 7 8 2 3 3 6 4 9 0 5 7 1 *